kara kara
bin
kurojoka
JN014596
gara
kara
kurojoka
hatokan
kara
ra
dachibin
kaeru
hatokan
kara kara

焼酎語辞典

焼酎にまつわる言葉を
イラストと豆知識で
うまかぁ〜と読み解く

金本亨吉・沢田貴幸 著

誠文堂新光社

はじめに

「焼酎」というお酒のこと、みなさんはどのくらい知っているでしょう?

古くは南日本でのみ造られ飲まれていた焼酎ですが、今や日本全国に焼酎蔵があり、多くの人に愛されています。

2000年代初頭に興った第三次焼酎ブームによって、本格焼酎や泡盛に興味を持つ人が増えました。最近は新しい価値観を持つ若い方たちが、飲める世代としてどんどん加わってきています。

そんな焼酎の基礎知識から、より深く知るための専門用語、焼酎の歴史や飲み方のヒントまで、あいうえお順のワードを手掛かりに、ページの許す限り解説したのが本書です。

巻で本格焼酎（乙類焼酎）に関する書籍は数多く出版されていますが、この本のように甲類焼酎についても解説した書籍はあまりないと思います。でも、甲類焼酎も本格焼酎も日本独自の蒸留酒。芋焼酎や麦焼酎はもちろん、チューハイや梅酒にも焼酎は使われています。この本をきっかけに、焼酎の奥深い世界とその歴史を知っていただけたら幸いです。

「どんな飲み方で飲んだらいい？」

「どうやって造られているの？」

「日本酒とは何が違うの？」

そんな、これまであまり焼酎に親しむことのなかった人たちにも届いてほしい。

小難しいこともいろいろ書いてありますが、堅っ苦しい情報は頭の片隅に置いといて、自分の舌を信じて、楽しく飲みながら読んでいただければと思います。

金本亨吉・沢田貴幸

この本の見方と楽しみ方

3

種類・銘柄

乙類焼酎【おつるいしょうちゅう】

本格焼酎ともいう。穀類などを原料にしたもろみを単式蒸留器で蒸留し、アルコール度数を45%以下にしたもの。風味のほとんどないクリアな味わいの甲類焼酎に対して、乙類焼酎は原料の個性が活きた風味となっている。代表的な原料にサツマイモ、麦、米、黒糖、そば、栗、酒粕などがある。

社会・民俗

お神酒【おみ

神様へのお供え
ご神前へのお供
ら造られた清酒
社によってはど
ろもあるという。
焼酎をお神酒とし

飲み方・楽しみ方

お湯割り

暑い日も鹿児島
む、というと驚く
の中はクーラー
飲む人も少なく
割りで飲む利点
の甘味が引き出
の刺激が苦手な
く置いてから飲
です。

見方

1 **見出し（焼酎にまつわる言葉）**

50音順に焼酎にまつわる言葉を配列しています。用語は漢字、ひらがな、カタカナ、アルファベットで表記しています。【 】内は読み仮名です。

2 **言葉の意味や由来の解説**

3 **分類タグ**

焼酎にまつわる用語は全14カテゴリーに分けられています。巻末の索引（p.194）から引くことができます。

楽しみ方

☑ あなたの気になる焼酎のこと、焼酎の歴史や製造などについて調べ、知識を深めましょう。足りない部分は自分なりの意見をさらに追加すると、最終的にはあなたならではの辞典ができあがります。

☑ わからない言葉や、知りたい言葉があれば、その頭文字から該当のページを探してみてください。実用的なものから豆知識まで幅広く揃っています。

☑ 焼酎についての知識を深められるコラム、飲み方チャートなどのお遊びページも充実。

焼酎ってなに？

焼酎の用語

あ

か

た

な

は

焼酎ってなに？

焼酎は蒸留酒の一種である。
濃ゆーくパンチが効いているものもあれば、
キリッとした飲み口のもの、
甘みがあり、まろやかなものもある。
さて、どれから飲もう？

焼酎の歴史

①

蒸留酒がどのように日本に渡ってきたか、経緯は諸説あるが、大陸から直接、あるいはタイから琉球を経て日本へ伝わった説が有力である。15世紀にはすでに琉球で蒸留酒が造られていたようだ。

②

室町時代・動乱の真っ只中である1546年、ポルトガルの貿易商人が宣教師フランシスコ・ザビエルに送った報告書に、米焼酎に関することが書かれている。鹿児島の郡山八幡神社には、その頃書かれたという焼酎についての落書きも残っている。

③

ところで、焼酎の原料で芋や麦が主流になる前は、米や雑穀などを原料として使っていた。

④

1705年(江戸時代)、薩摩藩の利右衛門という漁師が琉球から持ち帰ったサツマイモが、飢饉の救荒作物として広まった。このサツマイモが後に、焼酎造りにも使われるようになる。

⑤

明治時代、西南戦争の折は兵士の消毒のために焼酎が買い占められたという逸話が残るなど、焼酎は生活になくてはならないものだった。消毒用と同時に飲用にもしていたと思われるが、かの西郷さんはあまりお酒に強くなかったといわれている。

⑥

江戸時代～明治時代までは、自家用や仲間内で焼酎を製造していたが、1899年に酒税法が施行されてからは、酒造りは免許制となった。

⑦

もともとは単式蒸留器で造られていた焼酎だったが、明治の終わりに導入された連続式蒸留器によって「新式焼酎（今の甲類焼酎）」の生産が始まった。安く大量に作ることができるため、大正時代に大きく普及した。1949年には、酒税法上の区別として連続式蒸留器による焼酎が甲類、昔ながらの単式蒸留器による焼酎が乙類と定められる。

⑧

第二次世界大戦終戦後、「バクダン」「カストリ」といった粗悪なアルコールが出回ったが、昭和30年頃から甲類焼酎が台頭してくる。甲類焼酎の品質も原料の安定化や蒸留器の進歩によって次第に向上。サイダーやぶどう酒、果汁粉末、梅、シロップなどで割って飲まれていた。

⑨

ホッピーも戦後すぐに誕生。焼酎をホッピーで割った「ホッピービア」が爆発的な人気となる。

1970年代後半には第一次焼酎ブームが起こる。鹿児島の芋焼酎「さつま白波」が全国に進出。CMのキャッチフレーズ「ロクヨン（焼酎6：お湯4の割り方）」「酔い覚めさわやか」という言葉も話題になった。

世界でも無色でクセのないさまざまな割り方で飲めるウォッカやジン、ホワイトラムなどの消費が伸長。日本では乙類焼酎、甲類焼酎（ホワイトリカー）がブームとなった。

1980年代前半には第二次焼酎ブームが起こる。「酎ハイ」が世間に浸透し、缶チューハイや甲類焼酎の新商品が次々と発売され、飛躍的に増加した。

⑬

昭和のすし屋や飲み屋には必ずあった二大巨頭!!

下町のナポレオン
むぎ焼酎
いいちこ
900ml
大分
むぎ焼酎
二階堂

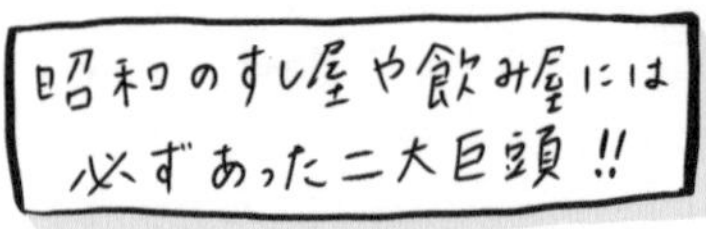

同じ頃に、大分の麦焼酎「いいちこ」が“下町のナポレオン”をキャッチフレーズに全国的に有名となった。トマト焼酎、ほうれん草焼酎、クロレラ焼酎などの変わり種焼酎が続々と生まれたのもこの頃。

⑭

1990年代、ブームの反動から本格焼酎（乙類焼酎）が苦境にあえぐ中、蔵元の若い跡継ぎたちが造った焼酎が少しずつ注目を浴びはじめていた。そしてついに2003年に情報番組をきっかけに大ブレイク。本格焼酎を中心とした第三次焼酎ブームが到来。

⑮

そして現在…

近年ではレモンサワーがブームとなる。レモンの強烈な酸味とさわやかさが食事にも合わせやすく、再評価される。

⑯

本格焼酎については、全国どこの酒売り場を見渡しても必ず置かれ、完全に定着したといえる。これからは原料や蔵元の特性を生かした焼酎造りが求められていくだろう…。

甲類と乙類

焼酎はウイスキーやウォッカ、ブランデーなどと同じカテゴリーに分けられる蒸留酒。さらに日本の酒税法上「甲類焼酎」と「乙類焼酎（本格焼酎）」の2種類がある。

甲類とは？

純度が高いアルコールを精製するための連続式蒸留器によって製造される。蒸留器の中で連続して複数回蒸留されるため、無味無臭の純アルコールに近い味わいとなる。サワーやウーロン茶などで割ったり、カクテルベースなどにして飲むのに向いている。

※昭和24年（1949）に公布された酒税法で、それまでの新式焼酎が甲類焼酎として分類された。

連続式蒸留

連続式蒸留器の設備のあるメーカーは全国でも少なく、多くの甲類焼酎メーカーは原料用アルコールを他社から買って、自社の水でアルコール度数36%以下になるよう割り水して甲類焼酎を製造している。甲類焼酎はどれも同じような味わいになりがちだが、使用する水の質によって個性が生まれ、また熟成酒をブレンドすることで深みを出すメーカーもある。

乙類とは？

伝統的な単式蒸留器によって製造される。甲類焼酎と違って原料に由来する香り・味がそのまま残り、風味豊かな味わいが楽しめる。飲み方はお湯割りやロック、水割りなどが多め。

※昭和24年（1949）に公布された酒税法で、乙類焼酎として分類された。

乙という言葉が甲と比べて劣っているイメージがついてしまうので「本格焼酎」ともよばれるようになったでごわす

単式蒸留

単式蒸留器は簡単な構造で、釜にもろみを入れて加熱し、揮発したアルコールを冷却装置に通してアルコールを収得する。釜の中の気圧を下げて蒸留する減圧蒸留法で造られた焼酎は軽い味わいになり、通常の気圧下で行う常圧蒸留法で造られた焼酎は濃醇な味わいになる。

本格焼酎の種類

芋焼酎

（生産地：鹿児島県、宮崎県、伊豆諸島など）

サツマイモの生産が盛んな鹿児島県、宮崎県南部が大生産地。伊豆諸島（東京都）でもその昔、鹿児島から芋焼酎の製法が伝わり、伝統的に芋焼酎が造られている。ふかしたてのような芋の香りと甘みが際立った、コクのある味わい。

米焼酎

（生産地：熊本県、その他）

熊本の球磨地方で造られた米焼酎が「球磨焼酎」として産地指定を受けている。軽いタイプは清酒を思わせるフルーティーな香味がある。一方、伝統的な米焼酎はどっしりした旨味が特徴で、長期熟成にも向いている。

麦焼酎

（生産地：長崎県壱岐島、大分県、福岡県、宮崎県、その他）

大分県が大生産地で、九州の他県でも造られている。長崎県壱岐島は「麦焼酎発祥の地」といわれている。軽いタイプはさわやかな麦の香りが立ち、飲み口も軽快。ボディのあるタイプは麦の重厚な香りと旨味があり、長期熟成にも向いている。

蕎麦焼酎

（生産地：宮崎県、長野県、その他）

主にそばの産地で造られている。そばを茹でたあとの茹で汁で割ると、絶妙な好相性を見せる。

黒糖焼酎

（生産地：奄美諸島）

原料はサトウキビから作った黒糖で、溶かして液体にしてから使う。蒸留酒なので糖分ゼロだが、黒糖ならではの南国漂わせる甘い香りとまろやかな旨味がある。

泡盛

（生産地：沖縄県）

タイ米を原料に、全量黒麹で仕込まれる沖縄独自の米焼酎。一般の米焼酎とは一線を画す独特の芳ばしい香味があり、長期熟成させた古酒（クース）はさらに飲み口がまろやかになる。

粕取焼酎

（生産地：福岡県、その他）

清酒を搾ったあとの酒粕で造った焼酎。麹は使わない。酒粕を水に戻して再醗酵してから蒸留する方法と、酒粕をモミ殻に混ぜてセイロで蒸気を上げて蒸留する伝統的な方法がある。前者は清酒らしいフルーティーさのある軽やかな味わい。後者はモミ殻の独特な香りと濃厚な旨味が強く個性的な味わい。

本格焼酎産地MAP

焼酎の本場はやはり九州〜沖縄。
主な原材料は「芋（サツマイモ）」「麦」「米」「黒糖」。
MAPで見ると産地の違いが一目瞭然。

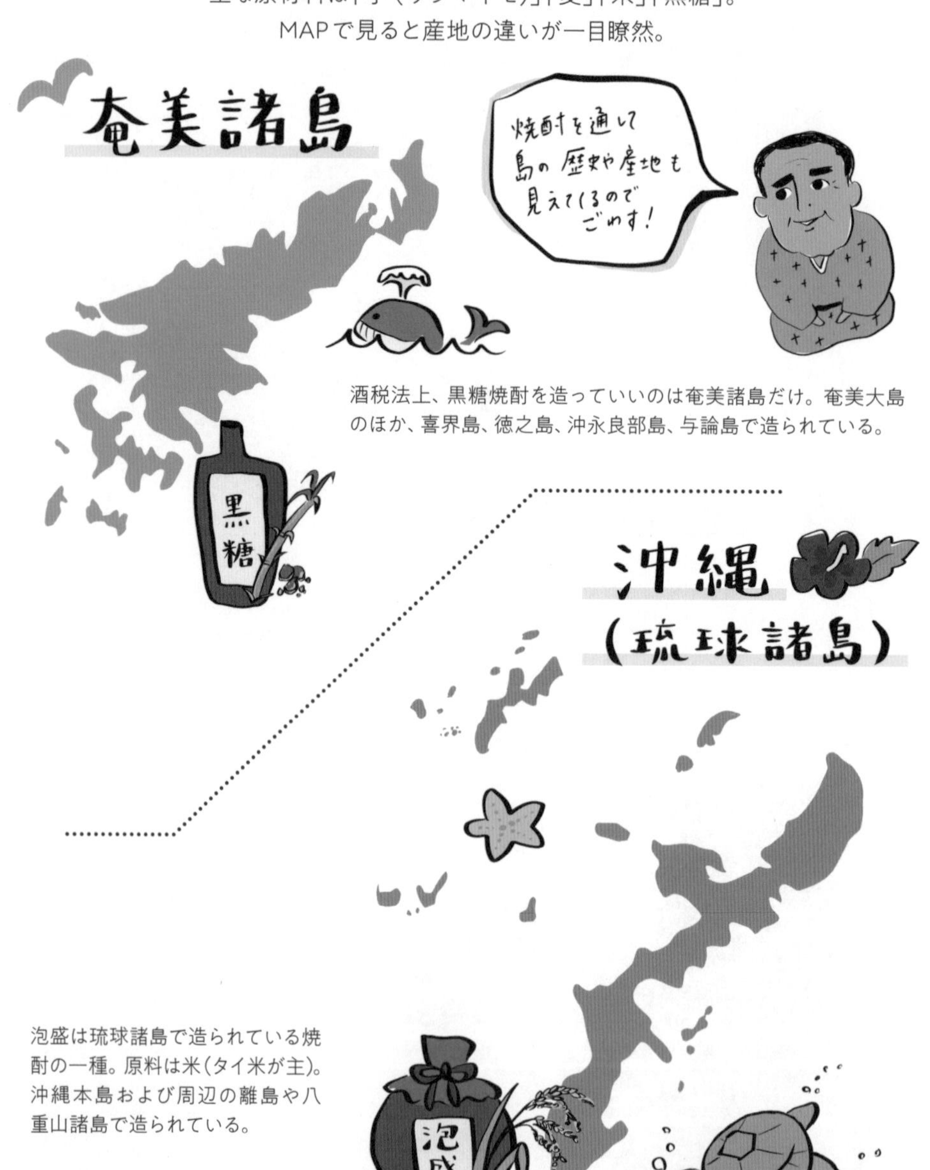
奄美諸島
焼酎を通して
島の歴史や産地も
見えてくるので
ごわす！
黒糖
沖縄
（琉球諸島）
泡盛

酒税法上、黒糖焼酎を造っていいのは奄美諸島だけ。奄美大島のほか、喜界島、徳之島、沖永良部島、与論島で造られている。

泡盛は琉球諸島で造られている焼酎の一種。原料は米（タイ米が主）。沖縄本島および周辺の離島や八重山諸島で造られている。

九州

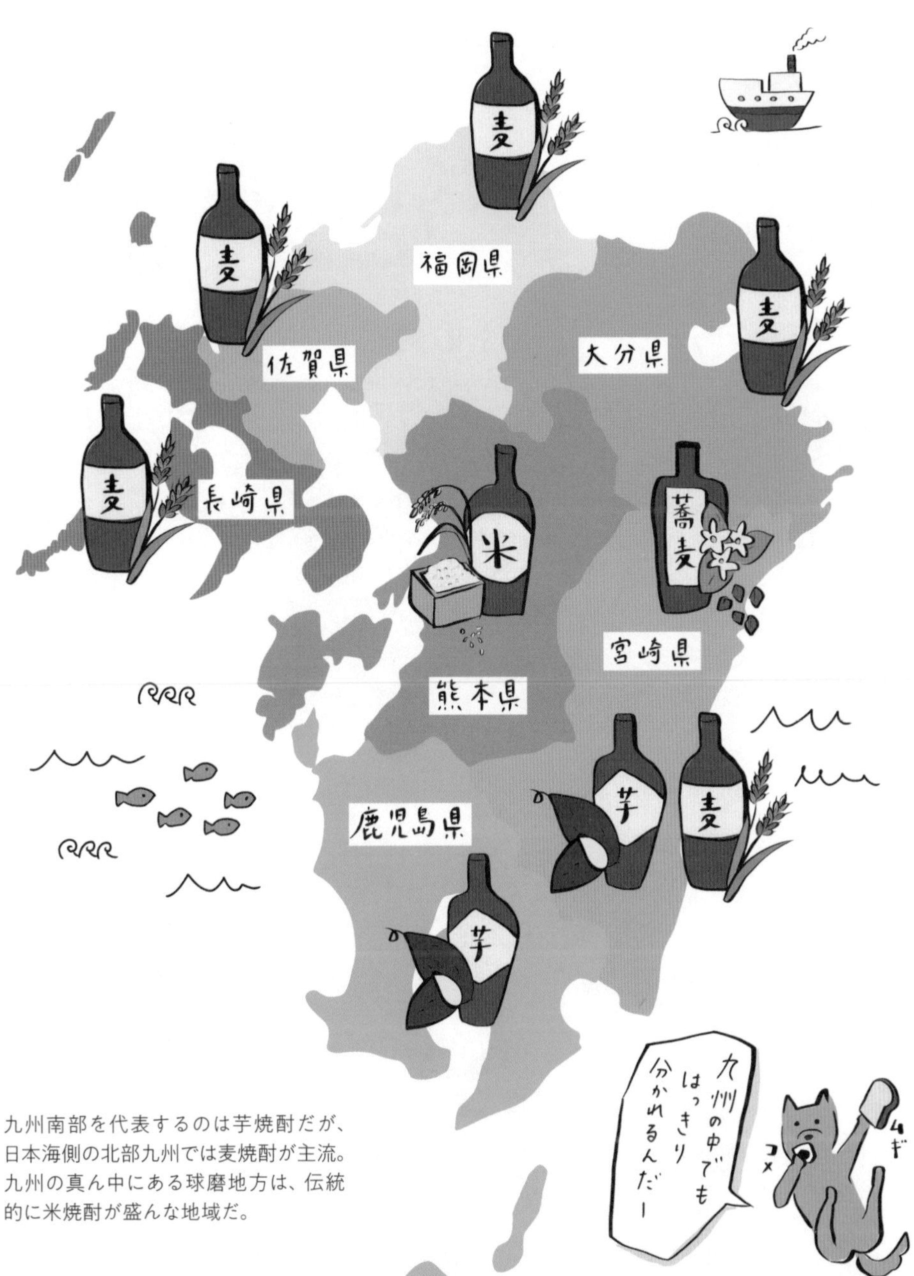

九州南部を代表するのは芋焼酎だが、日本海側の北部九州では麦焼酎が主流。九州の真ん中にある球磨地方は、伝統的に米焼酎が盛んな地域だ。

本格焼酎ができるまで

焼酎ってどうやってできるんだろう？
原料の収穫から瓶詰めされるまでの工程を大まかな流れで見ていきましょう。

ここでは
芋焼酎の作業工程を
お見せしもんそっ

① 収穫

サツマイモを収穫して蔵元に搬入します。

② 芋の処理

サツマイモを洗い、傷んだ部分やヘタなどを切り取り、蒸しやすい大きさに整えます。

搬入〜
ベルトコンベアで流れてくる芋を処理するヨ
Cut!
傷んだ部分は切り取ったり、けずったりします!!

③ 製麹（せいきく）

麹用の原料（米）を蒸して麹菌を繁殖させます。
約２日間かかります。
（麦麹の場合は麦を蒸して麹を造ります）

④ 一次仕込み

麹に水、酵母を混ぜて一次もろみを造ります。
清酒造りでいう酒母にあたります。約1週間発酵させます。

麹造りは一番重要じゃっど

まぜまぜ

櫂棒（かいぼう）

つづく

⑤ 二次仕込み

サツマイモを蒸したあと、砕いて一次仕込みと合わせます。米焼酎の場合は蒸し米を、黒糖焼酎の場合は溶かした黒糖を加え、二次もろみを造り、約2週間発酵させます。

⑥ 蒸留

もろみを単式蒸留器で蒸留します。もろみには原料ならではの色がついていますが、蒸留された液体は透明です。

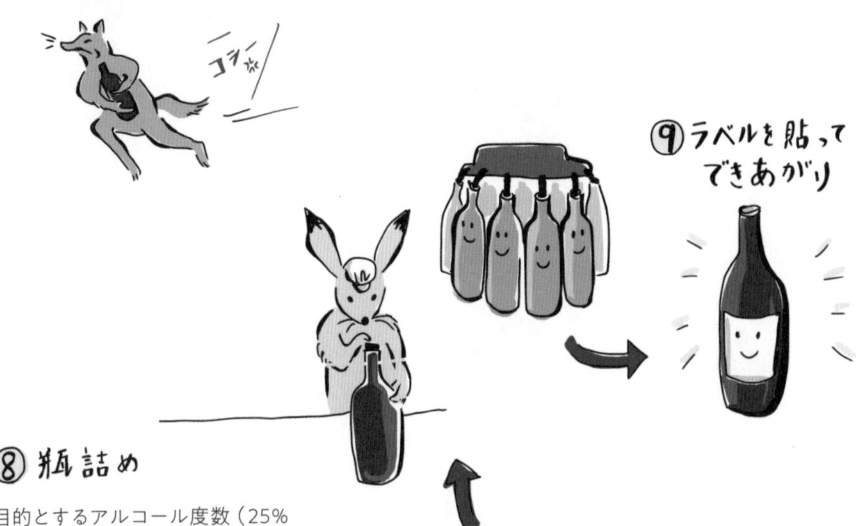

⑧ 瓶詰め

目的とするアルコール度数（25%が一般的）まで割り水し、瓶詰めして出荷されます。商品によっては割り水をせずに出荷されることもあります。

⑦ 熟成

蒸留してできた原酒を寝かせて、味に悪影響のあるフーゼル油などを取り除きます。タンクで寝かせるのが一般的ですが、甕や樽で熟成させる場合もあります。

甲類焼酎ができるまで

同じ焼酎でも、乙類（本格）焼酎と甲類焼酎では、造り方が違います。

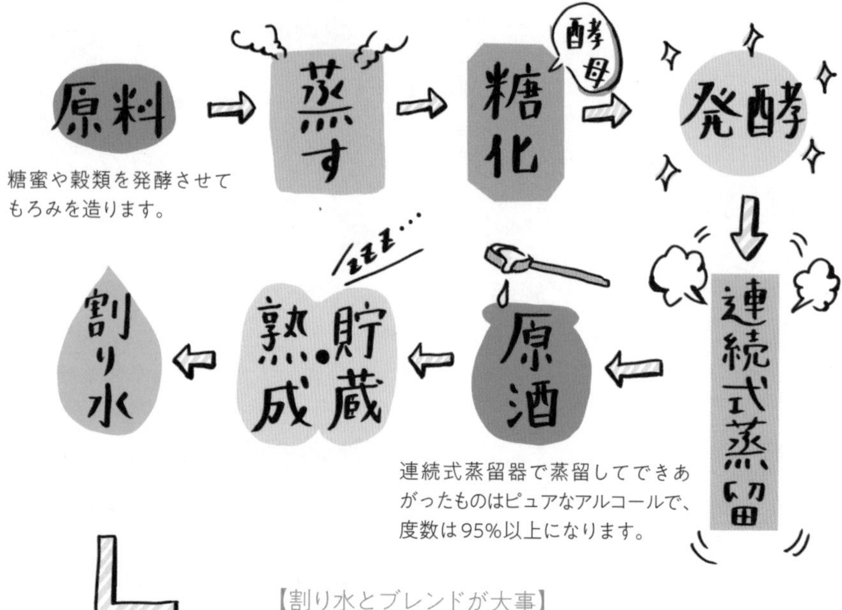

糖蜜や穀類を発酵させてもろみを造ります。

連続式蒸留器で蒸留してできあがったものはピュアなアルコールで、度数は95%以上になります。

【割り水とブレンドが大事】

甲類焼酎として出荷する場合はこれを36%未満に割り水します。採水地によって水質が違うので、水は甲類焼酎の味わいに大きく影響します。まろやかさや深みを出す場合は、タンクや樽で熟成させた甲類焼酎をブレンドする場合もあります。

できあがり
甲類
甲類焼酎の大部分は水なので、水質はとても大切でごわす
ブルッ

焼酎とほかの蒸留酒との違い

焼酎以外の蒸留酒には、ウイスキー、ラム、ウォッカ、ブランデーなどがある。
ところで、同じ麦からできている麦焼酎とモルトウイスキーの違いとは？

麦焼酎

原料：麦麹（または米麹）＋蒸した麦
アルコール発酵：麹菌によって原料のデンプンを糖化し、その糖化されたものを酵母の酵素によって同時にアルコール発酵させる。
蒸留：単式蒸留器
貯蔵：多くは数か月～数年貯蔵してから出荷。基本的にタンクで貯蔵するが、甕や樽で熟成させることもある。

麦焼酎はウイスキーと違って麹を使います
焼酎
麦

モルトウイスキー

原料：麦芽（大麦）
アルコール発酵：麦芽を糖化したあと、酵母によってアルコール発酵させる。
蒸留：単式蒸留器
貯蔵：オーク樽などに詰めて数年～数十年熟成してから出荷。

ウィスキーは
麦芽を発酵させて
樽で長期間
寝かせます
Whisky
琥珀色

世界のおもな蒸留酒

ここでは焼酎やウイスキー以外に、世界にどんな蒸留酒があるかご紹介。
各国にはいろいろな特徴を持った美味しい蒸留酒があるのです。

ブドウを発酵させて造った蒸留酒。フランスのコニャックやアルマニャックが有名。

穀類や糖蜜原料の蒸留酒に、ジュニパーベリーなどのボタニカル（ハーブやスパイス、果皮など）を加え再蒸留したお酒。イギリスのドライジンが主流。

穀類を原料にした蒸留酒。白樺の炭でろ過をするのが特徴。高アルコールなものが多い。ロシアが発祥。

サトウキビの搾汁や糖蜜を発酵させて造った蒸留酒。南米産のものが有名。

竜舌蘭（リュウゼツラン）という植物から得た糖分を発酵させて造った蒸留酒。メキシコが原産。

麦やコーリャンなどの穀物を原料にした中国原産の蒸留酒。

焼酎の用語

料理・飲み物

アイス【あいす】

焼酎の産地にはたまに焼酎を使ったご当地アイスがあったりしますが、自宅でも作ることができます。市販のバニラアイスを溶かし、お好みの焼酎を大さじ1杯半入れてアイスクリームメーカーでよくかき混ぜましょう(焼酎を入れすぎると酔います)。アルコールの入ったアイスは固まりきらないので、粘りがでたら機械を止めて容器に移し、冷凍庫で冷やせばできあがりです。またはお好みのアイスに黒糖焼酎や樽熟成の焼酎をほんの少し垂らすだけでも美味しいですよ。

飲み方・楽しみ方

アウトドア焼酎【あうとどあしょうちゅう】

空のペットボトルに焼酎4割、水を6割入れて冷蔵庫で冷やして飲む。冷凍庫で凍らせて海や山といったアウトドアに持っていけば保冷剤にもなる上に、溶かせばフローズン焼酎として真夏の呑み助のできあがり。また、黒ぢょかなどの酒器を持っている方は、注ぎ口をアルミホイルなどで覆い真夏の熱い砂浜に置いておけば、遠赤外線効果により粋な黒ぢょか燗焼酎のできあがり。

地理

青ヶ島【あおがしま】

八丈島の南にある孤島。人口は170人ほど。島への交通手段は八丈島からの船かヘリコプターだが、海が少し荒れただけで船が出なかったりするので、気軽に旅行の計画が立てられないのが難点。この島では昔ながらの家庭での芋焼酎造りが続いてきた稀有な島でもある。現在はひとつの会社にまとめられているが、今でも数人の造り手がそれぞれの焼酎を造っている。製造器材は共同だが、造り手によって製法や味が微妙に違うのがおもしろい。代表銘柄の「青酎池の沢35度」は比較的近代的な製法で造られているが、麹菌や酵母菌を自然発生的に生育させて造る原始的な製法も今だに続いているのが驚きである(銘柄は「青酎 伝承」)。ただ、島の人口減少とともに焼酎の消費も少なくなってきているようで、さびしいかぎりである。

人物

青木昆陽【あおきこんよう】

江戸時代、関東に甘藷（サツマイモ）を普及させた人物。1731～1732年の享保の飢饉の頃、西日本で救荒作物として知られていたサツマイモに目をつけ、「蕃藷考（ばんしょこう）」を著し8代将軍徳川吉宗に献上した。米以外の穀物の栽培を奨励しようとしていた吉宗はサツマイモの試作を昆陽に命じ、それからは東日本各地にもサツマイモが普及するようになった。天明の大飢饉ではこのサツマイモが多くの人々の命を救ったとされている。

種類・銘柄

青酎【あおちゅう】

東京都の秘境・青ヶ島で造られる芋焼酎。島にある青ヶ島酒造は複数の造り手がそれぞれの焼酎を造っている共同会社である。近代的な設備で焼酎を造っている人もいれば、昔ながらに家庭で行われていた原始的な製法を続ける人もいる。その製法とは麹菌も酵母菌も使わない方法である。麹用の麦を炒ってタニワタリなどの葉に載せて自然にカビが生えるのを待ち、良質なカビ（麹）が生えたら島内産のサツマイモと一緒に二次仕込みをする。通常は2週間ほどで蒸留するが、酵母菌を使わないので1か月超発酵させる。このためできた焼酎はかなりクセが強いものとなり、おそらく日本で最強の芋焼酎だろう。造る人によって製法が違い、製法ごとに銘柄もあるのでぜひ飲み比べしてほしい。ちなみに青酎には麦製のものもある。

料理・飲み物

青唐辛子【あおとうがらし】

伊豆諸島では、刺身を食べる時にワサビではなく青唐辛子を添えて食べる。青唐辛子をつぶして醤油に入れ、その醤油ダレに刺身をつけて食べるのだが、青唐辛子の辛みが島の甘みのある焼酎によく合う。

原料

赤芋【あかいも】

皮は赤いが、中味は黄白色～黄色をしているサツマイモで、「紅芋」ともよばれる。全国的に青果用などに多く栽培されている。焼酎で使われているのはベニアズマ、ベニオトメ、紅はるか、紅まさり、ベニサツマ、安納紅など。たまに紫芋のことを「赤芋」とよぶ人もいて、まぎらわしいので注意。

料理・飲み物

赤酒【あかざけ】

熊本県で伝統的に造られる酒。製法は日本酒の造り方と似ているが、酒を搾る前のもろみに木灰を加えるのが特徴で、灰持酒（あくもちざけ）ともよばれる。酸味のあるもろみに木灰を加えることで酒を中和。できた酒は微アルカリ性となり、赤い色に変化する。昔は火入れ殺菌という製法がなかったため、温暖な九州ではもろみを腐らせることが多く、これを防ぐために木灰を加えたと思われる。味わいはみりんのように甘くコクがあり、昔は普通に酒として飲まれていたが、現在は主に料理酒として使われる。鹿児島の地酒（じしゅ）も似たような製法で造られる。

雑 学

足湯【あしゆ】

源泉が湧く観光温泉地などでよく目にする足湯。足湯には血行促進や冷え性の改善、むくみの改善やリラックス効果、入眠促進効果などいろいろな効果があるといわれている。焼酎どころで温泉郷の鹿児島では道の駅、鹿児島空港、温泉地など足湯スポットが多く点在している。

飲み方・楽しみ方

味わいの変化【あじわいのへんか】

焼酎は蒸留酒のためそれほど変質はしないが、直射日光や温度変化が大きいと劣化してしまうことがあるので、日が当たらず温度変化の少ない暗所にしまっておくのがいい。また焼酎を開封した後はゆるやかに変化していくので、開栓したら数か月くらいで飲みきるようにしましょう。

雑 学

アセトアルデヒド【あせとあるでひど】

アセトアルデヒドは人体にとって有害な物質で、二日酔いの原因にもなる。酒を飲むとアルコールは肝臓に送られ、アルコール脱水素酵素（ADH）によって酸化されアセトアルデヒドになる。その後、アセトアルデヒド脱水素酵素（ALDH 2）によって酢酸になり、最終的には水と二酸化炭素になって吐息や尿とともに排出される。アセトアルデヒドを分解する能力は体質や遺伝にもよりますが、お酒が強い人も適量を心がけましょう。

地 理

阿蘇山【あそざん】

米焼酎どころの熊本県は、熊本城のほかに阿蘇山や水前寺公園、阿蘇神社など、多くの観光地が凝縮されている県でもある。約10万年前に大噴火した阿蘇山は、世界最大級の二重式の火口を持つ山としても有名。

社会・民俗

阿多杜氏【あたとうじ】

鹿児島県旧日置郡金峰町（南さつま市）阿多地区出身の杜氏集団のこと。笠沙（黒瀬）杜氏とともに集落から多くの出稼ぎ杜氏を輩出した。昭和30～40年代には阿多杜氏は130名ほどいたが、その後、機械の自動化が進んだのと同時に社会経済の変遷により杜氏の数は減少していった。

飲み方・楽しみ方

アダルトなレモン【あだるとなれもん】

ひと手間加えた大人なレモン割りはいかが？甲類焼酎の35%（通称ホワイトリカー）を用意しましょう。そこに生レモンを潰して漬け込めば、焼酎サングリアになります。

雑学

篤姫（NHK大河ドラマ）【あつひめ】

女優の宮崎あおい演ずる、大河ドラマの篤姫は50回放送平均視聴率が24.5%。幼少期、そのよび名は於一(おかつ)。薩摩藩島津家の養女として鶴丸城に迎えられ、篤姫となり、家定の死後落飾を経て、天璋院の号を得る。後に東京千駄ヶ谷に佇む徳川邸において、静かにその人生に幕を閉じた。ドラマ放映時、篤姫を冠した焼酎がたくさん作られた。そこそこ売れた。

料理・飲み物

アテ【あて】

お酒にあてがう食べ物などを「アテ」という。もともとは関西での言葉。「つまみ」「肴」と同義。

成分

油【あぶら】

焼酎の旨味の正体は一種の油成分であり、焼酎油やフーゼル油とよばれているもの。焼酎の入った瓶の内側の液面あたりにたまにぬめりのような跡がついていることがあるが、これが焼酎に含まれる油成分である。

表現

油臭【あぶらしゅう】

フーゼル油や焼酎油といった焼酎の成分が酸化することで生じる好ましくない香りのこと。昔はろ過の技術が至らなかったため、貯蔵中や出荷された製品の中味が変質して「くさみ」の要因のひとつとなった。製造担当者や鑑定官はこの油臭にかなり敏感で、一般消費者が不快と思わないような油臭にも神経質になりすぎるところがある。

表現

甘口【あまくち】

原料由来の旨味にやさしさやまるみを感じるものや、水質や熟成などによりアルコール感にも角の立たないまるみを帯びているものなどに「甘口」といった表現がされるのかもしれません。

地理

奄美大島【あまみおおしま】

奄美諸島の中心となる島。島には大小9軒ほどの黒糖焼酎蔵があり、よく飲まれているのは「里の曙」「じょうご」「れんと」「島のナポレオン(徳之島)」などの減圧蒸留の焼酎。「れんと」の登場でフルーティーで飲みやすい減圧蒸留焼酎への支持が加速した。特に支持されているのは大手の黒糖焼酎メーカーで、飲みやすいタイプの焼酎が大きく支持されている。対して、昔ながらの常圧蒸留で造られた黒糖焼酎は、島内でも飲める機会や場所が少なくなってきているのがさびしい。

焼酎の美味しい飲み方

本格焼酎は味わいの違いを楽しみながら、いろいろな飲み方で、美味しく飲みたい。
たまには、いつもと違う飲み方にもトライしてみては。

―そのままを味わう―

ストレート

焼酎の持つ味をそのまま堪能

グラスに焼酎を注いで、そのまま飲む。長期熟成酒のまろやかさを味わうには、ストレートで少しずつ飲むのがいいかも。

ロック

焼酎そのものの味と変化を楽しむ

氷を入れたグラスに焼酎を注ぐ。氷を入れたての濃い味わいから、氷が溶けてからの味わいの変化が楽しめる。

ー 水(お湯)で割って味わう ー

「焼酎：水(お湯)」は6：4か5：5がスタンダード

お湯割り

焼酎の飲み方の真髄

お湯を先にグラスに注いでから焼酎を注ぐ。そうすると温度の低い焼酎が沈むことによって、かき混ぜなくても対流で自然に混ざる。お湯は沸騰させたばかりのものよりも若干冷ましたい。

水割り

焼酎の産地の良水を使うのもgood

氷を入れたグラスに焼酎を入れ、最後に水を注ぐ。体が冷えるという方は氷を入れず、常温(または冷水)の水割りもおすすめ。

前割り

口あたりがまろやかになって美味しく

好みの割合で焼酎と水を混ぜ合わせ、最低でひと晩、できれば2～3日おく。そのまま常温で、または冷やしたり温めたりなどしてもいい。

炭酸割り

抜群の爽快感

よく冷えたサワーグラスに氷をたっぷり入れてグラスを十分冷やし、まず焼酎を、その後に炭酸水を氷に当たらないように(←ここポイント！)静かに注いでできあがり。

資格・制度

奄美黒糖焼酎の日

【あまみこくとうしょうちゅうのひ】

平成19年（2007年）、黒糖焼酎のみんなにも記念日が生まれました。毎年5月9日と10日は黒糖焼酎の日なんです。5・9・10で「こくとう」って読めるでしょう？

原料

アヤムラサキ（紫芋）【あやむらさき】

農林47号。皮も中味も暗赤紫色で、ブドウなどに含まれる色素成分アントシアニンが「山川紫」の2倍含まれている。甘みが少ないので主に加工用に使われる。焼酎にすると赤ワインのような香りが豊かに出る傾向がある。

製造

アランビック蒸留器

【あらんびっくじょうりゅうき】

蒸留器の原型。紀元前に錬金術の一環で開発された蒸留器で、当時は材質に銅が用いられ、首長の丸型フラスコに冷却用導管をつけただけの簡単な構造であった。これが7世紀にアラビア人の手に渡り、アランビックとよばれ、ヨーロッパに伝播していった。

容器

有田焼【ありたやき】

江戸時代から続く、日本で初めて磁器として焼かれた佐賀県有田町の伝統工芸美術品。焼酎グラスとしても人気。

成分

アルコール【あるこーる】

一般にいうエチルアルコール（エタノール）C_2H_5OHのこと。沸点78℃の揮発性の無色透明の液体である。果実や穀物から生成することもでき、この場合は酵母を用いて発酵させて生成する。エチレンC_2H_4を原料に生成させることもできるが、こちらはあくまで燃料用である。

雑学

アルコール依存症【あるこーるいぞんしょう】

アルコールに対して依存性を発症している状態。お酒を飲む量がコントロールできなくなり、お酒が切れることでイライラしたり、手の震え、睡眠障害などの症状が生じることがある。家庭や社会生活に悪影響を及ぼすため、早期に治療を始めることが大切。

製造

アルコール度数【あるこーるどすう】

お酒に含まれているアルコールの割合。アルコール度数1度＝1％換算。焼酎の場合、乙類焼酎は45％以下、甲類焼酎は36％以下で造るよう酒税法で定められている。

製造

アルコール発酵【あるこーるはっこう】

発酵は、酵母でアルコールと炭酸ガスを作り出すこと。日本酒や焼酎のもろみの場合、穀類に含まれるデンプンを糖化し、ブドウ糖に変えてから酵母によってアルコール発酵させることができる。ワインの場合は果実に糖分が含まれているので糖化の必要がない。

種類・銘柄

アル添酒【あるてんしゅ】

清酒の製造時、もろみに醸造用アルコールを添加して造られた清酒のこと。アル添された酒は名称に「純米」とつけることはできない。普通酒、本醸造、吟醸、大吟醸などがそれである。アル添酒の歴史としては、江戸時代にもろみの腐敗防止のために添加された柱焼酎が始まりとされ、戦後の米不足の時代から醸造用アルコールや糖類が大量に添加された酒が広く普及した。これはいわゆる三増酒とよばれ、今では法律改正によって「清酒」のカテゴリーからははずれている。現代のアル添酒は経済酒（懐にやさしい酒）として普及しているものもあるが、少量だけ添加して純米酒とは違うキレのよさや香りのよさが引き出された酒も多い。

種類・銘柄

粟焼酎【あわしょうちゅう】

雑穀類のアワを原料とした焼酎。アワは米が普及する以前はほかの雑穀とともに日常的に食べられており、粟などの雑穀で造られた焼酎もあったが、現在は全国でも数軒しか粟焼酎は造られていない。

種類・銘柄

泡盛【あわもり】

沖縄県で造られる蒸留酒。現在の製法は一般的にタイ米が原料で、黒麹菌で生育された麹米のみを使ってどんぶり仕込み（一段仕込み）で仕込まれたもろみを単式蒸留器で蒸留して造られる。歴史的には琉球時代の15世紀にはすでに蒸留酒が造られていたようだ。16世紀頃の泡盛製造は琉球王府の管理下におかれており、造り酒屋は首里城下の三箇村に限られ、支給された米やアワを用いて王府のために御用酒を製造し上納していた。このため本島以外の島では泡盛は製造されておらず、口噛み酒や麹を使った酒が造られていた。18世紀になると地方でも泡盛が製造されていたようで、麦やキビ、芋などが原料だった。今のようにタイ米で仕込むようになったのは大正から昭和にかけての頃である。また、泡盛は古くから古酒（クース）が重宝されてきたため、長期熟成させる技術に長けているのも本土の焼酎にはない特徴といっていいだろう。泡盛の製法上、どの蔵も同じタイ米、黒麹で仕込まれてはいるが、現在の沖縄にある47もの酒造所の泡盛はそれぞれの個性を持っており、それは麹やもろみ造りの蔵グセであったり、水の違いによるところが大きい。そして重要なのは、それぞれの泡盛は本土の酒よりも地元の生活に密着した関係性を保っていることかもしれない。

料理・飲み物

あん肝【あんきも】

おつまみの定番で、海のフォアグラとよばれるアンコウの肝臓。肝が大きくなる11月～2月は濃厚な味になる。気を付けなくてはいけないのが、あん肝のカロリーとプリン体の量。カロリーは100 gあたり445 kcal、プリン体の量は60 gで約240 mg含まれるので、過剰摂取すると痛風や尿路結石のリスクが高まる。逆に、ビタミンB 12、ビタミンE、ビタミンAが多く含まれているので、妊婦さんには適した食材なんです。

種類・銘柄

いいちこ【いいちこ】

大分の三和酒類が造る麦焼酎で、1979年（昭和54年）に発売された全国的に有名なロングセラー商品。「いいちこ」という言葉は大分の方言で「いいですよ」という意味。「いいちこ」という銘柄名とともに「下町のナポレオン」という愛称は地元紙の公募によって採用された。

写真提供／三和酒類（株）

製造

イオン交換【いおんこうかん】

焼酎の製造においては、イオン交換樹脂を用いてろ過をする方法のことをいう。冷却ろ過や炭素ろ過よりも精密にろ過することができる。クセのないきれいな味わいの焼酎ができるが、イオン交換樹脂特有の薬品のような香りがつきやすい。

製造

イオン交換樹脂【いおんこうかんじゅし】

不溶性の合成樹脂で、酒造りの現場では硬水を軟水に変えたり、純水を製造したりするのに使われる。焼酎のろ過にも使われることがあり、不純物や望ましくない風味の成分を吸着させて取り除くことができる。

地理

壱岐島【いきのしま】

博多（福岡県）に近いが長崎県に属する島。麦焼酎発祥の地ともいわれ、現在は7軒の蔵が麦焼酎を製造している。この麦焼酎は麹に米を使うのが特徴。そのためほんのり甘みのある味わいが特徴で、島の新鮮な魚介類によく合う。

種類・銘柄

壱岐焼酎【いきしょうちゅう】

長崎県壱岐島で伝統的に造られる麦焼酎。麦焼酎は大分県なども大産地だが、壱岐島が麦焼酎の発祥とされる。また、他県の麦焼酎と違う点は、壱岐焼酎では麹に米を使い、米麹と主原料（麦）の使用比率は1：3とされている。一般的な麦麹の麦焼酎と比べ、米麹の甘さがあるのが特徴。焼酎は島内消費のみならず、近隣の博多へも多くが出荷されている。

資格・制度

壱岐焼酎の日【いきしょうちゅうのひ】

1995年WTO（世界貿易機関）によって、壱岐島で製造される焼酎が地理的産地の指定を受け、その10年後の2005年、毎年7月1日は壱岐焼酎の日という記念日になりました。

場所

IZAKAYA【いざかや】

IZAKAYA（居酒屋）は、最近では外国でも通じる言葉となりつつあります。毎年、数多くの外国人旅行客が日本を訪れ、京都や奈良、東京の浅草やスカイツリーといった観光地を巡り、その一環として、赤提灯がぶら下がる居酒屋に興味を抱く外国の方も多くなりました。

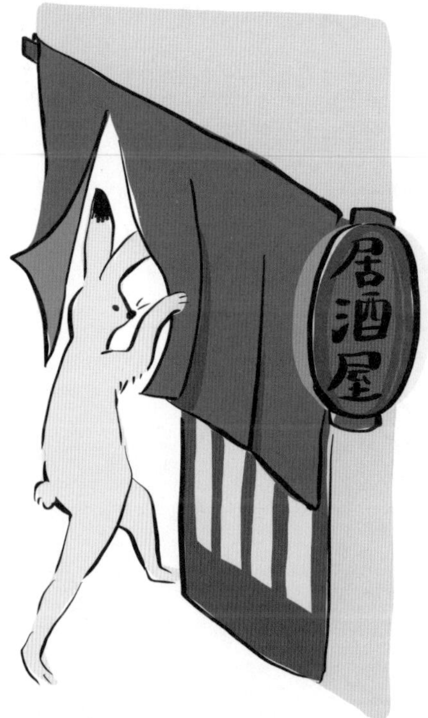

地理

石垣島【いしがきじま】

沖縄本島の南西・八重山諸島にある島。人口はおよそ48000人。人口減少が進む離島が多い中、この島では移住者などもあって少しずつ人口が増えている。産業はほかの離島同様、サトウキビ栽培や畜産・水産業が盛ん。意外と田んぼも多い。近隣の西表島や波照間島など、各離島への玄関口となる島なので、訪れる観光客の行き先もさまざま。島に泡盛蔵は大小6軒あり、うち2軒（八重泉、請福）が島の多くのシェアを占めている。その他の4軒（於茂登、宮之鶴、玉の露、白百合）は規模の小さな蔵。この石垣島以西の島の小規模な蔵では、今でも昔ながらの手造り麹、地釜蒸留器が残されているところが多い。

製造

石室【いしむろ】

大きめのレンガ状の石を積み上げて作られた麹室。麹室をもつ蔵は日本酒では多いが、焼酎では自動製麹機の普及によりかなり少なくなってしまった。それでも九州では熊本県球磨地方の米焼酎蔵で石室を残す蔵がけっこうある。

地 理

伊是名島【いぜなじま】

沖縄本島の北にある人口およそ1500人の静かな島。山は少なくほぼ平らな地形。サトウキビ畑が広がり、田んぼや牧場もある。特産品はサトウキビ、もずくのほか、隣の伊平屋島とともに米の産地でもある。サンゴを積み重ねた塀、昔ながらの木造家屋なども残り、のんびりと静かに過ごすにはよい島である。大型スーパーなどはなく、泡盛は集落の小さな商店、共同売店に置いてある。この島では「常盤」(伊是名酒造所)という泡盛が造られている。

製 造

一次仕込み【いちじしこみ】

焼酎は基本的に二段階に分けて仕込みが行われており、その第一段階目。日本酒でいう酒母造りにあたり、米ないし麦で造った麹と水、酵母を合わせて、発酵のスターターを造る大事な工程でもある。日本酒の酒母造りと同様、雑菌の侵入しにくい隔離された部屋で仕込む蔵も多い。

写真提供/大海酒造(株)

製 造

一次もろみ【いちじもろみ】

日本酒でいう酒母にあたり、麹と水、酵母を合わせた第一段階目のもろみのこと。これが発酵のスターターとなるため、この一次もろみがきちんとできないと主原料を加えても良い酒はできない。仕込んでから5日くらいで二次仕込みに移る。

容 器

一升瓶【いっしょうびん】

1800 ml瓶。日本では明治時代からこの一升サイズの大瓶が使われてきた。地元で流通する茶瓶はリサイクルされることが多い。紙パック製の焼酎や泡盛も普及しているが、やっぱり酒は瓶の方がなんとなく趣がでる。

地 理

伊平屋島【いへやじま】

沖縄本島の北にある人口およそ1200人ほどの島。沖合から見ると南北に長く山が連なっているように見えるが、意外と平地も多い。山があるので水が豊富で米が特産。この島では「照島」(伊平屋酒造所)という泡盛が造られている。

飲み方・楽しみ方

イベント【いべんと】

酒業界関係者や有志が主催する酒の試飲会のことを「イベント」ということが多い。業者向けの試飲会は基本無料で、消費者向けの場合は会費制が多い。ともに飲み放題なのが魅力のひとつで、蔵元自身がブースに立って来場者に直接お酒を提供したりするので話を聞くとかなり勉強になる。ただし消費者を対象にしたイベントでは飲み放題がすぎてつぶれたり、蔵元にからんだりする人も出る。和らぎ水をはさみながら自制心を持って楽しみましょう。

雑学

イメージ戦略【いめーじせんりゃく】

消費者の購買欲をかき立てたり、商品に対し望ましいイメージを作り出すための有効的な手段として広告やCMなどがある。昨今のSNSや動画配信といったツールも、商品のイメージ戦略やリサーチを兼ね備えていることが多い。昔から地域で根付いてきた焼酎はCMや広告もその地域で発信されているものが多いため、焼酎の生産地に行ったらぜひ現地でローカルCMを見てもらいたい。

表現

芋傷み臭【いもいたみしゅう】

芋の傷みが原因で生じる焼酎の香り。いわゆる「芋くさい」と表現される香りのひとつで、具体的には熟した果物のような香りがある。製造担当者や鑑定官はこの香りを否定的に扱うが、適度な末垂臭と同じで、程度とバランスによっては好ましい香りともとらえられるので、一概に悪い香りともいえない。昔は傷んだ芋も普通に仕込みに使っていたので、このような香りがするものが多かったのではないだろうか。

製造

芋麹【いもこうじ】

芋焼酎は基本的にサツマイモと米麹を用いて仕込まれるが、サツマイモで造られた芋麹もある。戦後の米不足の頃、米に芋を混ぜて麹を造ったということを耳にした蔵元が1997年に芋麹造りに挑戦したのが最初。生芋をサイコロ状、あるいはチップ状にカットしていったん乾燥させ、使用する際には蒸して製麹する。

種類・銘柄

芋麹製芋焼酎【いもこうじせいいもしょうちゅう】

麹に米ではなく芋製の麹を使い、主原料にも芋を使って仕込まれた、いわば芋100%で造られた焼酎。今では鹿児島を中心にいくつかの蔵元で製品化されている。さぞかし芋くさいだろうと思われがちだが、実際は独特のクセはあるものの意外とスッキリしていてキレがあり、昭和の芋くさい焼酎とは別ものになっている。米麹と芋麹では根本的に麹の性質が違い、アルコールの収得率や蒸留された時の風味も異なってくるからだろうと思われる。

表現

芋くさい【いもくさい】

芋くささの大きな要因は芋傷み臭と油臭によるものである。芋焼酎が「くさい」といわれていた頃は、芋が傷んでいても普通に仕込みに使われ、麹やもろみの管理も今よりは細かくはなかった。さらに蒸留もかなり最後の方までアルコールをとっていたために末垂臭や油臭の原因となった。今はそういった要因が改善されているので、昔みたいな「芋くさい」焼酎はほぼなくなってしまった。それを好む人もいるのだが。

いろいろな酒器

焼酎を温めたり、注いだり、はたまた持ち歩いたりする時に使われる、
ちょっと変わった酒器をご紹介。

黒ぢょか（千代香）

鹿児島を代表する伝統酒器。そろばんの玉のような平べったい形をしていて、取っ手と注ぎ口がついている。昔はこれに焼酎を入れて、囲炉裏や火鉢で直接温めて飲んだ。

黒じゃないのもあるよ

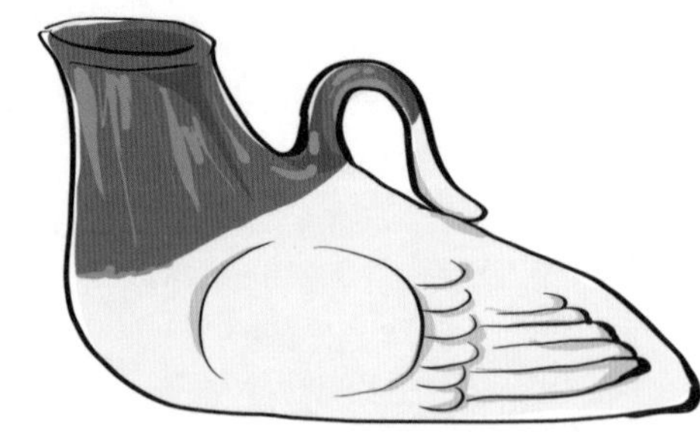
クルックー

鳩燗

鳩の形をした酒器。囲炉裏や火鉢などの灰の中に差し込み、焼酎を温めて飲む。

ぽってり
かわいい

ガラ

熊本に伝わる伝統的な酒器。陶器製で白いものが多い。丸くふくれた胴部分に長い鶴首の注ぎ口がついていて、胴部分から上にやや太くて長い焼酎の入れ口がある。

形から入るのも
たまにはよきかな

ウエストポーチの元祖?!

抱瓶（だちびん）

沖縄県に伝わる伝統酒器。酒器の両端にひもを通す穴が開いており、腰に巻いたり肩にぶら下げたりして持ち運びのできる酒器。

カラカラ

琉球伝来の土瓶の形をした酒器。古いカラカラは、酒器の中の球が「カラカラ」と音が鳴ることで、中身のお酒がなくなったのを教えてくれたそう。

薩摩切子（さつまきりこ）

異なる色合いを持つ層の厚いガラスに高度な技術で模様を掘った、薩摩伝統工芸品。数万円から数百万円もの値がつく細工ガラス。

この穴をふさがないとお酒がこぼれちゃいます

そらきゅう

手持ち部分に穴が開いており、台座はないため、置くことも漏らすこともできない伝説の酒豪酒杯。

種類・銘柄

芋焼酎【いもしょうちゅう】

サツマイモを主原料とした焼酎。ジャガイモを使った焼酎も芋焼酎の一種ではあるが、こちらは区別してじゃがいも焼酎とよんでいる。サツマイモを使った芋焼酎が伝統的に造られてきたのは南九州、伊豆諸島といった地域。サツマイモは傷みやすく、生産地から遠くなると焼酎の原料としては扱いづらいため、それが地域が限定されてきた理由でもある。

昔は地方のいち地酒であった芋焼酎だが、1970年代の第一次焼酎ブームとともに全国に知られるようになった。かつては「くさい」といわれて敬遠されがちであった芋焼酎だったが、その後の技術の向上により芋特有の香りがひかえめになり、また味わいも飲みやすいものが開発されるようになってからは都市部で再普及するようになった。明治以降は沖縄由来の黒麹仕込みが主流だったが、今の芋焼酎のレギュラー酒は白麹仕込みが大半。減圧蒸留タイプの軽いものも一部で浸透してきおり、芋焼酎の大消費地も少しずつではあるが嗜好の変化が起きている。東京などの都市部でも飲みやすいタイプは支持されているが、焼酎を飲みつけた人には昔の「くさい」タイプを求める人も少なくない。

近年の動きとしては、果実のようなフルーティーな香味を持つタイプが注目されるようになり、茜芋やオレンジ芋など特殊な芋品種や特殊な酵母を使った焼酎などが開発されるようになり、今では芋焼酎は一部の地域だけで飲まれる地酒ではなく、全国のさまざまな飲み手に訴求できる存在になってきている。

製造

芋選別【いもせんべつ】

芋焼酎の仕込みの際、仕入れたサツマイモを選別する作業。たいていは流れ作業で芋を選別し、ヘタや傷みを取ったり、大きすぎる芋は包丁で切ったりする。なお、入荷時に傷みの多すぎる場合は農家に返品する場合もある。

製造

芋掘り【いもほり】

春に植えたサツマイモは秋に収穫される。芋焼酎に使うサツマイモは8月下旬あたりから収穫が始まる。その頃には芋も大きくなってくるが、2000年初頭の焼酎ブームの頃はサツマイモが足りなくなって、7月くらいから早掘りした芋を使ったメーカーもあった。早掘りした芋は十分に大きく育っておらず、価格も高いので効率的ではない。

地理

伊良部島【いらぶじま】

沖縄の宮古島に隣接する島。現在は宮古島と伊良部島を結ぶ日本最長の3540mの橋・伊良部大橋がかかり、だいぶ便利になった。島は台形状ではあるが島上部は平坦で、草原のようなサトウキビ畑が広がっている。島には「宮の華」「豊年」を造る2軒の泡盛蔵があり、どちらも島で愛飲されている。とくに「豊年」(渡久山酒造所)は家族経営の小さな蔵のため、宮古島でもあまり見かけない希少な泡盛。宮古島と伊良部島はほど近い島なのだが、宮古島の泡盛はすっきりキレのいい味わいが多いのに対し、伊良部島は甘みがあるタイプで、近い島同士でも味わいの傾向が違うのがおもしろい。

原料

インディカ米【いんでぃかまい】

「タイ米」に同じ　→「タイ米」(p.123)

種類・銘柄

ウイスキー【ういすきー】

欧米発祥の蒸留酒。原料は大麦、ライ麦、トウモロコシ、グレーンなどの穀物を用い、麦芽の酵素で糖化し発酵させて蒸留させる。スコッチウイスキーは単式蒸留器で2～3回蒸留、グレーンウイスキーは連続式蒸留が主流である。アイルランド、スコットランドあたりがウイスキーの発祥で、その後アメリカ開拓とともに北米でも生産されるようになった。16世紀頃のウイスキーは無色透明で製法や熟成方法も確立されていなかったが、18世紀の密造酒時代に樽で貯蔵された現在のウイスキーの原型が生まれる。日本においては昭和時代はウイスキーが高価だったため、ウイスキー原酒にアルコールを加えた安価なウイスキーも多く製造されていた。樽で貯蔵してウイスキー風味にした焼酎が造られ始めたのもこの時代である。

種類・銘柄

ウォッカ【うぉっか】

大麦、小麦、ライ麦、ジャガイモなどの穀物を原料にした無色の蒸留酒（穀類以外の原料を使うところもある）。連続式蒸留器で蒸留し、白樺の炭でろ過をしてクセのない味わいに仕上げているのが特徴。ロシアが発祥で、隣接する東欧や北欧、中欧、今ではアメリカなどでも造られている。アルコール度数は40%前後と高く、中には96%くらいあるものもある。ストレートや水割りで飲まれるほか、カクテルベースとしても広く使われている。

種類・銘柄

宇宙焼酎【うちゅうしょうちゅう】

麹菌や酵母菌をロケットに載せて打ち上げ、宇宙を旅し地球に帰ってきたものを原料にして焼酎として仕込まれたもの。菌を宇宙に飛ばすとどんな変化があるのか？今のところ宇宙を旅した菌を使って焼酎を造ってもそれほど味に変化はないようだが、研究次第によっては菌の突然変異によって良い作用を及ぼしたりするものが発見されるかもしれないし、これからの研究に期待大。ちなみに清酒バージョンもある。

種類・銘柄

宇宙だより【うちゅうだより】

2012年に鹿児島で発売された芋焼酎。麹菌と酵母菌をスペースシャトル・エンデバーに載せて宇宙の旅を終えたあと、その麹菌と酵母菌を使って鹿児島の芋焼酎メーカー12社が造った焼酎がこの「宇宙だより」という商品。宇宙ロケット基地のあることで知られる鹿児島ならではのロマンあふれる試みであった。

種類・銘柄

梅酒【うめしゅ】

アルコールに梅の実を浸けたもの。アルコールはどのようなものでもいいが、なるべく度数が高く、糖類を加えた方が浸透圧の関係により梅のエキス分が出やすい。日本ではアルコール35%のホワイトリカー（甲類焼酎）と氷砂糖で梅を浸けるのが一般的。本格焼酎で浸けた場合はホワイトリカーで浸けるよりもコクが出る。本格焼酎の味がわかるうちに味わいたいなら1年程度で飲むのがいいだろう。長期貯蔵になると梅の味わいが強くなり、本格焼酎の味が次第に隠れてくる傾向になるからである。

飲み方・楽しみ方

梅干し【うめぼし】

梅を塩漬けして天日に干した保存食品。焼酎に梅干しを入れる飲み方は昭和時代に流行りましたね。味のない甲類焼酎や飲みにくい本格焼酎を飲みやすくするために入れていましたが、今の本格焼酎は品質が良くなったため、焼酎の中で梅干しを潰して飲むと苦みを感じることがあります。梅干しを入れるなら甲乙混和焼酎がおすすめ。

容 器

裏ラベル【うららべる】

瓶の裏に貼るラベル。一般的に商品説明や蔵のこだわり、製造者情報、飲み方に関する注意などが書かれている。ただ、製造者情報や飲み方に関する注意事項が表ラベルに書かれていれば、裏ラベルを貼る必要はない。

雑 学

ウンチク【うんちく】

専門知識や雑学、豆知識などの情報をひけらかすことを「ウンチクをかたむける」などという。焼酎のウンチクを語るのは大いに有益なことだが、たまに偏った情報や誤った情報をひけらかす方もおり、気を悪くさせず訂正するのに神経を使う。

社会・民俗

営業【えいぎょう】

商品を売る仕事。蔵元の営業マンの場合、取引先に酒を飲んでいただいて、気に入ったら買ってもらう、というのは理想の話。相手が大手企業になるとメディアへの露出度や話題性、安く売るための条件などが求められ、良い商品だからといって売れるわけではないのが現実。とはいえ、地酒専門店に営業に出向いても、一般流通している商品では軽くみられ、知名度がなく酒の味に突出したものもなければ門前払いされることも。酒の営業はなかなかに厳しい世界である。

飲み方・楽しみ方

追い酎【おいちゅう】

空になったグラスの中に、焼酎を足してもらうシステム。通常、追い酎は甲類焼酎ではするが、乙類焼酎ではあまりしない。

地理

大分県【おおいたけん】

もともとは清酒の産地で、以前は粕取焼酎が造られていたが、現在は麦焼酎が主流。とくにいいちこ、二階堂といった大手メーカーの麦焼酎のイメージが強い。一方で大分県は甲類焼酎の一大消費地でもあるのがおもしろい。ちなみに甲類焼酎は「三楽」「宝」などがよく飲まれ、宮崎県とともにアルコール度数が20%の市場でもある。

地理

大島【おおしま】

伊豆七島の中で一番本土に近い島。人口8000人弱で、特産は明日葉、クサヤ、椿油など。海の幸があふれているのかと思いきや大半は高値で東京に流れてしまい、島内には残らないそうだ。土壌はサツマイモ栽培に適しているので昔から芋焼酎は造られてきたが、昔はコストを安くするために芋焼酎と麦焼酎をブレンドしていたこともあったらしい。麹はほかの伊豆諸島の焼酎と同様、米麹ではなく麦麹が一般的に使われてきた。島には焼酎蔵が一軒だけあり、銘柄は「御神火」。ほかの伊豆諸島の焼酎「盛若」(神津島)や「八丈鬼ごろし」(八丈島)なども流通している。九州の本格焼酎の飲み方と違って割り材などで割って飲む人もいるので、「盛若 和(なごみ)」などの甲乙混和焼酎も需要があるらしい。

表現

大虎【おおとら】

「酔っ払い」とか「泥酔した人」のこと。酔ってわめき散らす様がまるで吠えた虎に見えることから、大虎とよぶようになったらしい。古くは酒のことを笹とも読んだことから、笹が描かれるモチーフの水墨画には、笹の茂みから現れた大虎が描かれているものがある。笹(酒)には虎(酔っ払い)がつきものということですね。

地理

小笠原諸島【おがさわらしょとう】

東京の竹芝桟橋から船でおよそ24時間かかる太平洋上にある諸島。大小30あまりの島々からなり、有人島は父島と母島である。常夏の島ではトロピカルフルーツ栽培といった農業のほか、観光業や飲食業に携わる人も多い。父島には小笠原諸島唯一の酒類製造場、小笠原ラム・リキュール株式会社があり、ラム酒が造られている。この工場は古くからの操業ではなく、平成元年に小笠原村の役場、農協、商工会によって設立された。ラム酒は島内消費というよりもお土産用として売られていることが多い。伊豆諸島のように焼酎文化が根ざしてはおらず、一般的な都市の嗜好に近い。

地理

沖縄本島【おきなわほんとう】

沖縄本島に泡盛蔵は27軒ある。那覇を含む南部は大きな蔵が多く飲みやすい泡盛が多いが、中・北部になると個性的な味わいの蔵が多くなる。中・北部は山が多いので水は豊富だが、南部の水質はサンゴ礁の影響であまりよくないため、水を軟水器に通してから仕込みに使うところも多いようである。泡盛のアルコール度数は30%が一般的で、飲み方はロックや水割りが主流。古酒（クース）はアルコール度数が高いものが多い。本島ではスーパーや量販店が発達しているのもあり、上位10社くらいの泡盛メーカーのシェア争いが激しい。那覇周辺でとくに売れているのは「久米島の久米仙」「残波」「菊の露」「まさひろ」「瑞泉」など。パック入りの泡盛も普及している。

料理・飲み物

沖縄料理／琉球料理

【おきなわりょうり／りゅうきゅうりょうり】

沖縄料理と琉球料理は同じように思われるが、厳密にいうと沖縄料理は戦後にアメリカの食文化の影響を受けて作られた料理のことをいい、タコライスやポークを使った料理がそれにあたる。それに対して琉球料理は昔から伝わる料理で、中国や薩摩藩の影響を受けながら独自に発達してきた。チャンプルーやラフテー、グルクンやソーキそばなどが有名。さらに郷土的なものになると、彼岸や旧盆、清明祭（シーミー）などではウサンミという重箱料理、山羊の刺身や山羊汁、八重山地方ではウミガメを食すところも。

地理

沖永良部島【おきのえらぶじま】

奄美大島と沖縄島の中間にある島。サトウキビやエラブユリなど農業・花き栽培業が盛ん。島の黒糖焼酎蔵は6軒。和泊町の沖永良部酒造の「稲乃露」「えらぶ」（「えらぶ」は4軒の蔵の共同瓶詰）、知名町の新納酒造（天下一）、原田酒造（昇龍）がある。島内の居酒屋で最近人気なのは減圧蒸留で飲みやすいタイプの「はなとり」（沖永良部酒造）。島はサンゴ礁が隆起した島のため、水は石灰分が多い硬水。そのため焼酎の仕込みや割水に使う場合、軟水器に通したり純水を使うことも多いようだ。ちなみに「昇龍」という銘柄は島の鍾乳洞「昇竜洞」からきている。また、西郷隆盛の流刑地でもあったため、島には西郷隆盛像があるのだが意外と知られていない。

資格・制度

桶売り【おけうり】

自社で生産した酒をほかの製造会社へ売ること。この場合、自社では酒税を納めず、売った先の会社が酒税を納めるため、業界用語で「未納税取引」ともよばれる。今では少なくなったが、かつては大手の日本酒、焼酎の蔵が自社で生産しきれない分を、他社から買ってブレンドして売るということが広く行われていた。売る方は工場の稼働率を上げることができ、また余剰酒を引き取ってくれるというメリットがある。かつての芋焼酎蔵が冬〜春にかけての休閑期に麦焼酎の製造をして大手の麦焼酎メーカーに納めていたのは有名な話。第二次焼酎ブーム後の本格焼酎低迷期に芋焼酎蔵が生き延びられたのは、この麦焼酎の桶売りによるところが大きい。

資格・制度

桶買い【おけがい】

ほかの製造会社から酒を買うこと。その後、自社の酒とブレンドするか、あるいはそのまま自社の銘柄をつけて売られる。酒税が未納の酒を買って自社で販売するため、業界用語で「未納税取引」ともよばれる。買う方のメリットは余分な設備投資をしなくてよく、需要が落ちた場合に対応がしやすい点がある。

社会・民俗

お供え【おそなえ】

仏壇やお墓・神棚・神社など、仏前・神前へ飲食物をお供えすること。亡くなった方へはその方の好物などをお供えして供養することもあるが、神様への奉納については米やその土地で採れた食物のほか、米から造られたお酒も供されることが多い。九州南部や沖縄などの蒸留酒文化の地域では焼酎や泡盛がお供えされることもある。

種類・銘柄

乙甲混和焼酎【おつこうこんわしょうちゅう】

甲類焼酎に本格焼酎（乙類）を混和（ブレンド）したもので、甲類の割合より本格焼酎の方が多いもの。本格焼酎をより飲みやすくするために甲類焼酎をブレンドするのが目的。コストも少し抑えられる。

料理・飲み物

おつまみ【おつまみ】

酒の肴として、手軽に簡単にできる料理がおつまみ。コンビニやスーパーで買うお惣菜やお菓子だって、立派なおつまみになりますよ。

種類・銘柄

乙類焼酎【おつるいしょうちゅう】

本格焼酎ともいう。穀類などを原料にしたもろみを単式蒸留器で蒸留し、アルコール度数を45%以下にしたもの。風味のほとんどないクリアな味わいの甲類焼酎に対して、乙類焼酎は原料の個性が活きた風味となっている。代表的な原料にサツマイモ、麦、米、黒糖、そば、栗、酒粕などがある。

飲み方・楽しみ方

オトーリ【おとーり】

沖縄の宮古島と近隣の島で行われている、宴席で泡盛を飲みまわす独自の風習。まず酒席の主催者などがグラスに泡盛を注ぎ、口上を述べたあと、隣の人にグラスを渡して泡盛を飲み干してもらう。そしてそのまた隣の人が泡盛を飲み干す。それを全員分行い、最後に親が返杯として飲み干すという流れ。一周すると別の人が親になり、回し飲みが延々と続く。農家の集まりの場合は豊年を祈念するため時計回り、漁師が集まる場合には大漁を祈念して反時計回りという決まりがあるようだが、集まった場の流れによってもルールが変わるので、明確な決まりはないようだ。

社会・民俗

お神酒【おみき】

神様に供える酒。神様へのお供え物を神饌(しんせん)という。ご神前へのお供え物の代表格は米。その米から造られた清酒が神前に並ぶことが多いが、神社によってはどぶろくをお神酒にしているところもあるという。なお、米から造られていない焼酎をお神酒として捧げる地域もある。

飲み方・楽しみ方

お湯割り【おゆわり】

暑い日も鹿児島の人は芋焼酎をお湯割りで飲む、というと驚く人が多いですが、居酒屋や家の中はクーラーがきいているのでお湯割りで飲む人も少なくありません。本格焼酎をお湯割りで飲む利点は、冷やす飲み方に比べて原料の甘味が引き出されること。アルコールの刺激が苦手な方は湯で割った状態でしばらくおいてから飲む「湯冷まし呑み」がオススメ。

原料

オレンジ芋【おれんじいも】

中味がオレンジ色のサツマイモ。赤橙色色素βカロテンを含み、これで造られた焼酎はにんじんやトロピカルなフルーティーさのある香りを有する傾向にある。ベニハヤト、アヤコマチ、ハマコマチ、タマアカネといった品種がある。タマアカネは霧島酒造「茜霧島」に使われている。

社会・民俗

卸売業者【おろしうりぎょうしゃ】

蔵元と小売店をつなぐ中間流通業者。本来は蔵元の酒を一括して仕入れ、それを各小売店に卸すのが役割であるが、最近は効率重視で売れる酒しか在庫しない傾向にある。そのため注文率の低い酒は注文があってもすぐに卸せないケースが多い。また、卸売業者はこの10～20年で淘汰が進み、進むにつれ業者ごとの特色も薄れているため条件競争になりやすく、大手量販店との取引では条件次第ですぐ帳合が変わるなど、かなりシビアな世界である。今後さらに淘汰が進むことも予想されるが、最終的には寡占化が起こるのではという心配もある。

製造

音響熟成【おんきょうじゅくせい】

酒に微細な振動を与えることで熟成効果を早める方法。音響熟成は焼酎の入ったタンクにスピーカーを取り付けて音楽を流すことで振動を与えている。現在は田苑酒造（田苑）や奄美大島開運酒造（れんと）などでこの熟成方法が用いられている。似たような原理として超音波熟成や、海底に瓶ごと沈めて波の振動を与えて熟成させる方法などもある。

飲み方・楽しみ方

オン・ザ・ロック【おんざろっく】

グラスに氷を入れて飲むスタイルを、オン・ザ・ロックとよびます。通称ロック。大きめの氷を岩に見たて、上からお酒を注ぎ入れることから生まれた言葉。20世紀初頭「オン・アイス・キューブ」や「オン・ジ・アイセズ」とよんでいた時代もあったそうです。

場所

温泉【おんせん】

鹿児島県には温泉がいたるところにあることは、県外の人は意外と知らないかもしれない。街の人が気軽に日常的に入れる温泉施設も豊富にあるのも魅力。鹿児島のほかにも熊本の球磨地方など、九州には温泉が多い。

製造

温度管理【おんどかんり】

麹やもろみの管理において温度管理は非常に重要である。湿度や温度の管理で麹の出来が変わり、また、低温発酵させるか通常の発酵をさせるかでももろみの出来はまったく違うものとなり、蒸留してもそれらの温度管理の痕跡が酒質として残るのはおもしろい。

飲み方・楽しみ方

温度計【おんどけい】

温度計は金属製温度計、ガラス製温度計、デジタル式温度計などの種類がある。焼酎の温度を細かく計る場合は、家庭用のデジタル式温度計でも十分ですが、表示速度が遅いので、温度の細かな変化をすばやく知りたい方は目盛式のアルコール温度計の方をおすすめします。

飲み方・楽しみ方

温度帯【おんどたい】

焼酎は銘柄や原材料、季節や割り水の種類によっても適した温度帯は違ってくる。気温25℃くらいで飲む常温の焼酎は、素材の素直な味が楽しめる。またフルーティーな香りが特徴の焼酎や、淡麗な酒質の場合は10～20℃くらい、常圧蒸留のように旨味のある焼酎は30～50℃くらいがいいでしょう。ただ、黒糖焼酎や泡盛の場合は現地流に冷やして飲むのがいいかもしれません。

製　造

櫂入れ【かいいれ】

タンクに入ったもろみを櫂棒で撹拌する作業。発酵が進むとタンク内のもろみの温度に差がでてくるため、撹拌することでもろみ温度や発酵を均一に保ちます。

製　造

解析【かいせき】

酒を分析して、含まれる成分から香りや味の傾向を判断すること。醸造酒である日本酒の場合は日本酒度や酸度、アミノ酸度などを測って酒質をある程度予測することはできる。蒸留酒である焼酎の場合は、味の決め手となる焼酎油やフーゼル油といった成分、香りの成分を数値化して味わいの傾向を測ることはかなり難しい。

種類・銘柄

海藻焼酎【かいそうしょうちゅう】

海藻も本格焼酎として名乗ることのできる原料の中に含まれており、海苔や昆布、ワカメでも本格焼酎を造ることができる。海苔焼酎は現在でも島根県隠岐島で造られている。海藻を使う場合、発酵の主体は米や麦、麹などで、海藻はどちらかというと風味づけといった位置づけである。

雑学

害虫【がいちゅう】

焼酎の原料となる米（稲）やサツマイモ、サトウキビなどなど穀物の栽培には害虫がつきもの。農薬の影響を心配する消費者の声に応えるよう無農薬栽培を志す農家もいるが、実際には農薬や化学肥料はなかなか手放せないのが現状である。

雑学

害虫対策【がいちゅうたいさく】

園芸やガーデニングなどの害虫対策にはトウガラシの焼酎漬けが効果的。ホワイトリカーにトウガラシやニンニクを漬け込んだものを薄めて植物に散布する。米酢を混ぜてもOK。トウガラシやニンニクに含まれる成分はアルコールや酢に溶けやすいため、化学薬剤を使用せずに簡単に害虫の忌避剤を作ることができる。

製造

櫂棒【かいぼう】

木製や竹製の長い棒で、もろみをかき混ぜる時に使用する。焼酎に使われるのはいわゆる「かぶら櫂」といわれるもので、多くは2m以上の長さで、棒の先にカマボコ板のような長方形の板が取り付けられている。

表現

香り【かおり】

甲類焼酎は樽などの容器で貯蔵、ブレンドしたものでなければ、基本的にはいわゆる純粋なアルコールの香りである。本格焼酎の場合、減圧蒸留焼酎は一般的にさわやかな香りで原料由来の香りも軽い。常圧蒸留焼酎は原料由来の香りが豊かにでているものが多い。

場所

角打ち【かくうち】

その昔、北九州の労働者が酒屋で酒を飲んで帰るスタイルが「角打ち」として定着し、「四角い升の角に口をつけて飲むこと」「酒屋の一角で飲むこと」が言葉の由来になったといわれています。それが後に酒屋や居酒屋で立ち飲みするスタイルを角打ちとよぶようになったようです。

飲み方・楽しみ方

カクテル【かくてる】

酒に果汁やシロップ、香味料などを加えて飲む楽しみ方。使う酒の種類は何でもいいが、一般的にはウォッカやジン、テキーラ、ラムをベースにしたものが多い。果汁などの香味を引き立たせるという意味では甲類焼酎もカクテルベースに向いている。

飲み方・楽しみ方

角ハイボール【かくはいぼーる】

2003年の本格焼酎ブームと2011年からの日本酒ブームのはざまに、角ハイボール（サントリー角瓶を使ったハイボール）がブームとなり、若者たちが気軽にウイスキーのソーダ割り（ウイスキーハイボール）を楽しむことが流行した。再びハイボールという飲み方が広まったのはよかったのだが、ウイスキーは一定期間の熟成が必要なため急激な需要増に対応しきれず、サントリーの角瓶ブランドの見直しにより2019年3月をもって白角ウイスキーは休売になってしまった。

地理

鹿児島県【かごしまけん】

鹿児島県本土は火山灰の土壌でサツマイモの生産が盛んなことから、芋焼酎の大生産地。温暖な地域なので清酒造りに向かず、昔から焼酎が多く造られてきた。鹿児島湾をはさんで西の薩摩半島、東の大隅半島に分かれ、それぞれの土壌の違いからできるサツマイモの味わいも微妙に異なっており、それが焼酎の味にも表れている。一方、奄美諸島は黒糖焼酎の産地である。

場所

鹿児島大学【かごしまだいがく】

鹿児島大学農学部には焼酎・発酵学教育研究センターがあり、焼酎製造学、醸造微生物学、発酵基礎科学、焼酎文化学部門などについて学ぶことができる。発酵食品をはじめとする発酵の基礎から焼酎の製造、商品開発までカリキュラムはさまざまで、ひととおり学べば焼酎蔵に就職した時に即戦力になれる、かも。

資格・制度

鹿児島本格焼酎の産業振興と焼酎文化でおもてなし条例

【かごしまほんかくしょうちゅうのさんぎょうしんこうとしょうちゅうぶんかでおもてなしじょうれい】

2013年に鹿児島県に交付された条例。焼酎の認知度向上、製造技術や原料の質の向上、販売促進、また郷土料理や伝統工芸品といった「焼酎文化」の振興のため、焼酎製造業者はもちろん、県内の産業や団体みんなで協力して努めましょうということが書かれている。鹿児島県のほかにも各地に、特産品を推進普及させるための条例がある。

製造

樫樽【かしだる】

いわゆるオーク樽。実際には樫ではなく楢（なら）材で作られるが、一般的にはこれを樫樽あるいはオーク樽とよんでいる。ウイスキーやブランデー、ワインなどの貯蔵に使われ、焼酎でも一部の商品で貯蔵熟成を目的に樽が使われる。オーク材は頑丈で液体が漏れにくい構造になっており、この樽で貯蔵させると樽材由来の独特の香味がつき、色は琥珀色に着色される。

製造

加水【かすい】

アルコール95%以上の甲類焼酎の原酒（原料用アルコール）を酒税法の規定である36%以下にするために、あるいは本格焼酎の原酒を製品化する度数（多くは25%）にするために水を足して度数を下げる作業のこと。甲類焼酎の場合はそのほとんどの成分が加水された水ということになる。

表現

ガス臭【がすしゅう】

蒸留したての焼酎や泡盛に感じられる、硫黄臭や青くさい香りなどが混じった独特な刺激臭のこと。この香りは一定期間熟成させるとなくなってゆくので、たとえば芋焼酎でも新焼酎として出荷する以外は数か月以上は貯蔵熟成させるのが通例である。

社会・民俗

カストリ【かすとり】

今では粕取焼酎のことをいうが、「カストリ」という場合は戦後の粗悪な蒸留酒をいう。工業用や燃料用アルコールを水で薄めた「バクダン」という悪評高い酒に代わり、1946年後半からカストリが登場した。米や芋を原料としてどぶろくを造り蒸留した密造焼酎で、「飲んで安全」をうたい文句に「純良粕取焼酎」の名で売られたが、本来の粕取焼酎とは別物である。この時期のバクダンやカストリのおかげで、その後の焼酎に対する悪いイメージがしばらくついた時代でもあった。

種類・銘柄

粕取焼酎【かすとりしょうちゅう】

日本酒を搾ったあとの酒粕を原料にした焼酎で、製法はふた通りある。ひとつは伝統的な製法で、再発酵させた酒粕をせいろで蒸して蒸留する方法。通気性をよくするために酒粕にモミ殻を混ぜるのだが、この方法は焼酎にモミ殻の風味や焦げ臭がつき、かなりクセの強い焼酎となる。もうひとつは酒粕を水に溶かして再発酵させ、それを蒸留する方法。今は減圧蒸留が一般的で、吟醸酒のような香りが残り飲みやすい焼酎となる。粕取焼酎を製造する蔵は今ではかなり少なくなってしまったが、1980年代頃までは多くの日本酒蔵で副産物としての粕取焼酎が造られていた。粕取焼酎を蒸留したあとに残るカスはよい肥料になるといわれている。

容器

肩ラベル【かたらべる】

一升瓶の胴から首の間に貼るラベル。一般的に「銘柄名」「〇〇焼酎」「味わいの特徴」などが書かれている。ただし最近では貼らないことも増えてきた。理由としては、ない方がスタイリッシュに見える、肩ラベルのコストが節約できる、よく考えたら特に必要ない、などがある。また、横型の肩ラベルではなく、ななめ掛けの肩ラベルだとなんだかかっこよく見えるので、ななめ掛けは人気がある。が、貼りにくい。

料理・飲み物

カツオ【かつお】

鹿児島では刺身としても多く食べられますが、郷土の加工品としてはカツオ節やカツオの頭を煮込んだびんた（頭）料理、カツオの腹皮、カツオラーメン、カツオの船人料理（カツオ丼）などがあります。芋焼酎との相性を考えるならカツオの腹皮がイチオシ。網で焼いたものが焼酎との相性バツグンです（下写真）。ちなみに鹿児島の枕崎や山川は昔からカツオ漁港として有名。

製造

カット【かっと】

焼酎製造の際に使われる用語で、蒸留を終わらせること。蒸留はじめは高い度数の焼酎が出て、次第に度数が低くなってくるのだが、目標とするアルコール度数にするために蒸留を止めることをいう。

人物

蟹江松雄【かにえまつお】

戦後、鹿児島高等農林専門学校（鹿児島大学農学部の前身）に赴任。今日の焼酎をはじめとする伝統発酵産業の振興に尽力した。「薩摩における焼酎つくり五百年の歴史」「福山の黒酢」「肥後の赤酒・薩摩の地酒」など、伝統発酵食関係の書籍を多く著している。

料理・飲み物

がね【がね】

鹿児島や宮崎の伝統料理で、サツマイモやニンジン、ゴボウなどの野菜を千切り（スティック状）にして衣をつけて油で揚げたもの。揚がったものが互いにくっついてカニのように見えることから「がね（鹿児島の方言でカニ）」という。揚げ物なので焼酎との相性バツグン。

製造

カビ【かび】

アルコールの醸造に使われるカビは、日本ではコウジカビ（麹菌）、中国などアジアではクモノスカビなどがある。コウジカビは味噌や醤油の醸造にも使われ、ほかのカビの仲間はチーズやカツオ節などの熟成にも利用されている。

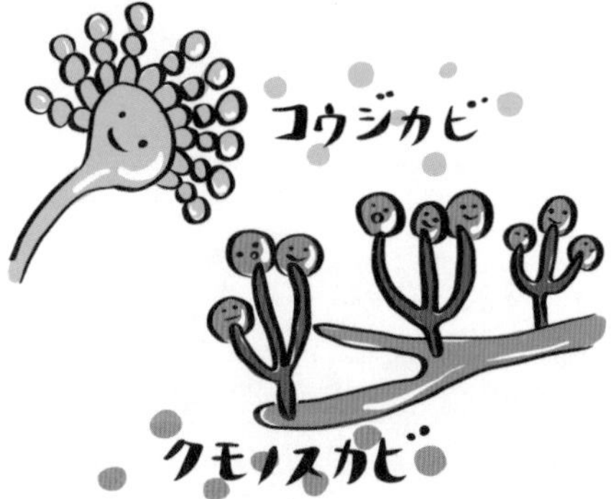

製造

カブト釜式蒸留器【かぶとがましきじょうりゅうき】

前世代型の単式蒸留器で、明治時代頃まで使われていた。樽を改造したこしきの上に冷却用の鍋をのせ、もろみの入ったこしきを下から加熱。蒸気が冷やされたもの（焼酎）が滴り落ちる管をつけた簡単な構造となっている。すでに廃れた蒸留器だが、現在はこの蒸留器を復刻して焼酎を造る蔵がある。

雑学

カブトムシ【かぶとむし】

カブトムシ捕りは子供の夢。じつは焼酎はカブトムシやクワガタを捕らえるエサに有効。バナナをぶつ切りにし、焼酎や砂糖をかけてストッキングや網袋などに入れ、カブトムシのいそうな木に吊るしておくという方法。そのほか、コーラと焼酎をタオルに染み込ませるのも有効とか。

製造

甕【かめ】

陶器製の容器。江戸時代以前の大昔は日本酒も甕で仕込まれていた。現在では焼酎の仕込みや貯蔵用に使われることが多く、泡盛では甕で長期貯蔵されることもある。昔は甕は国内で製造されていたが、現在は国内で大きな甕を製造する業者がないため、中国産の甕を購入するか、廃業した蔵などからゆずりうけるしかない。

写真提供／有村酒造（株）

表現

甕香【かめこう】

焼酎や泡盛を素焼きの甕で貯蔵した時につく、陶器や土様の香りのこと。陶器の通気性によりゆるやかに進む酸化作用や、甕の材質の金属成分（鉄・カルシウム等）が熟成の効果を高めているとされている。甕で熟成された古酒の中にはバニラのような香りがするものがあり、瓶よりも甕で貯蔵した方が熟成が早くなるという研究結果も出ている。

製造

甕仕込み【かめしこみ】

一次もろみないし二次もろみまでを陶器製の甕で仕込む方法。甕が残されている蔵は少ないため、貴重な製造方法といえるだろう。甕の容量は三石（540L）くらいと、タンクに比べれば小容量のため、きめ細かい管理ができるといわれている。ただ仕込みの量が多くなれば甕の数も増えてたいへんな作業となるため、二次仕込みまで甕で仕込む蔵は少ない。タンク仕込みと比べて甕仕込み焼酎の方がすぐれているようなイメージがあるが、味わいというのは原料の質、原料処理、麹、もろみ、蒸留、熟成と、トータルの行程でできあがるため、甕仕込みの方がすぐれた焼酎かどうかは一概にはいえない。

製造

甕貯蔵【かめちょぞう】

焼酎や泡盛を陶器製の甕で貯蔵熟成させること。陶器にあるごく小さな穴を通じて焼酎が呼吸するといわれ、また、甕の材質の効果により、ステンレスタンクなどと比べ熟成が進みやすいといわれる。甕香といわれる陶器臭がつく場合もある。あまり長期間貯蔵させると中味が少しずつ蒸発して減ってしまうので注意が必要。

雑学

鴨【かも】

鴨を利用した作物に合鴨農法米がある。鴨のひなを田んぼに放し飼いにし、害虫や雑草を食べてもらうことで除草剤なしに稲を育てる農法。フンは有機肥料になり、鴨が田んぼを泳ぐことで酸素が土に混ざって強い稲を育てることができるという一石三鳥くらいの効果がある。なお、稲穂が育ってくると鴨が稲を食べてしまうので、その前に鴨はお役御免となり、人間によって美味しく食べられてしまう。ちなみに、この合鴨農法米を使って焼酎造りをする蔵もある。

容器

ガラ【がら】

熊本に伝わる伝統的な酒器。陶器製で白いものが多い。丸くふくれた胴部分に長い鶴首の注ぎ口がついていて、胴部分から上にはやや太くて長い焼酎の入れ口がある。焼酎を上の入れ口から注ぎ、囲炉裏や火鉢に入れて直接あたためて飲む。

容器

カラカラ【からから】

琉球伝来の土瓶の形をした酒器。中に玉が入っている特殊なカラカラもあり、空になると「カラカラ」と音が鳴ることで酒がなくなったことを教えてくれる。

原料

河内菌【かわちきん】

鹿児島にある種麹製造会社・河内源一郎商店が開発した麹菌。主な焼酎麹に河内白麹菌、河内黒麹菌、河内黄麹菌などがある。1910年に初代河内源一郎が泡盛黒麹菌から焼酎に適した麹菌（河内黒麹菌）を発見してから、日本の焼酎造りが格段に進化した。

場所

河内源一郎商店

【かわちげんいちろうしょうてん】

鹿児島県で種麹を製造販売する会社。ここで造られた麹菌は鹿児島県のみならず九州全域のほとんどの蔵元が使っている。1910年に河内黒麹菌の培養に成功、1924年に黒麹菌から突然変異の白麹菌を発見した。また、1961年に河内式ドラム型自動製麹装置を開発。これによって麹造りの作業負担がかなり軽減され、広く普及した。ちなみに日本には現在およそ10軒ほどの種麹製造会社がある。

表現

辛口【からくち】

日本酒や焼酎に用いることが多い「辛口」という表現。原料等に由来する甘味よりもアルコールの角が立つ場合に「辛口」という表現が適しているのかもしれない。しかしおつまみとの相性でも印象は違ってくるもので、塩気の強いおつまみを食べながら焼酎を飲んだ場合は、焼酎が甘く感じられることがある。

製造

刈り入れ【かりいれ】

小さな蔵などではたまに消費者のボランティアを募って焼酎の原料となる米や麦の刈り入れをするイベントなどが催されている。熊本の米焼酎を造る蔵ではそういった収穫〜焼酎製造体験イベントがあるらしいので、興味のある方は参加してみては。

種類・銘柄

変わり種焼酎【かわりだねしょうちゅう】

芋、麦、米、黒糖、泡盛、酒粕以外のめずらしい原料が使われた本格焼酎を「変わり種焼酎」とよぶ。1980年代の第二次焼酎ブームの頃、変わり種焼酎がたくさん造られた。本格焼酎の原料として認められているものには、明日葉、小豆、アマチャヅル、アロエ、ウーロン茶、梅の種、えのき茸、おたねにんじん、かぼちゃ、牛乳、ぎんなん、葛粉、熊笹、栗、グリーンピース、コナラの実、胡麻、昆布、サフラン、サボテン、椎茸、シソ、大根、脱脂粉乳、玉ねぎ、ツノマタ(海藻)、ツルツル(海藻)、栃の木の実、トマト、デーツ、にんじん、ねぎ、海苔、ピーマン、菱の実、ひまわりの種、ふきのとう、紅花、ホエイパウダー、ホテイアオイ、またたび、抹茶、マテバシイの実、ユリ根、蓬、落花生、緑茶、蓮根、ワカメなどがある。なぜこれが本格焼酎の原料として認められたのだろう? というものも多い。

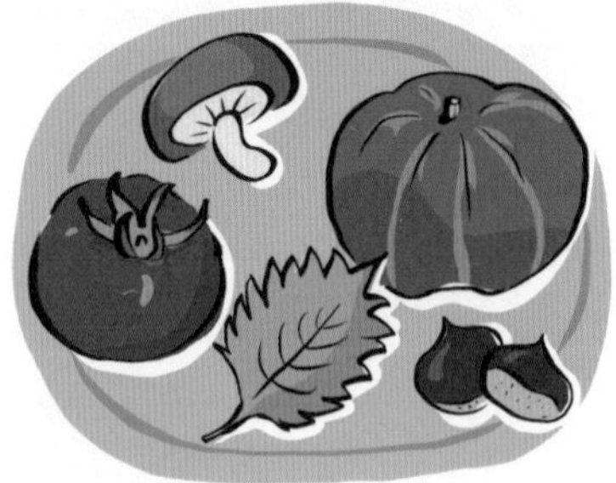

飲み方・楽しみ方

燗【かん】

酒を温めることを燗をつけるという。焼酎を温めることによって旨味や甘みといった成分をふくらませる効果があるが、焼酎をそのまま温めると刺激が強くなるため、あらかじめ水で割っておくのがよい。温める方法としては湯煎が一般的だが、レンジでチンでも大丈夫。温める酒器は徳利や銚子でもいいし、居酒屋で使われているようなチロリや千代香(ちょか)、カラカラといった酒器を集めて自宅で試すのも楽しい。

種類・銘柄

韓国焼酎【かんこくしょうちゅう】

韓国で製造される蒸留酒。米、麦などの穀物類から造られ、日本では甲類焼酎に分類される。連続式蒸留を行っているので原酒は95%以上の高純度のアルコールになり、これに加水をして出荷している。この製法は1910年代の日本統治以降に広まったやり方で、昔ながらの単式蒸留による製法は安東焼酎などで継承されている。日本でも韓国焼酎は広く普及しているが、実は韓国国内向けと日本向けとでは味が違う。日本向けはすっきりした味わいのものだが、韓国国内向けは甘味料などを添加して少し甘めに仕上げている。この甘めのタイプは日本では「チャミスル(カタカナ表記の方)」といった銘柄が販売されており、甘味料を添加しているので日本では「リキュール」の分類になっている。また、韓国で主流のアルコール度数は20%前後、容量は360 mlが多い。韓国では冷えた焼酎を小さなグラスで一気飲みするスタイルが一般的だが、最近は果汁やジュースで割る飲み方も出てきている。また、韓国では焼酎のブランドは10ほどしかないが、これは以前、ひとつの道(行政区分。ドと読む)に焼酎製造社は1業者のみという決まりがあったためである(現在は廃止)。

社会・民俗

冠婚葬祭【かんこんそうさい】

おめでたい結婚披露宴、あるいはお通夜での振るまいなどでも、九州以南では普通に焼酎や泡盛が振るまわれる。ビールでの乾杯（献杯）後、本州ではそのままビールや各々飲みたい酒に移行するが、南日本では二杯目以降は焼酎や泡盛に移ることがめずらしくない。そのほか、結婚する新郎新婦に記念の焼酎や泡盛が贈られたり、引き出物に使われたりもしている。

飲み方・楽しみ方

燗冷まし【かんざまし】

酒を温めてからしばらく時間をおいた状態のこと。同じ40℃の焼酎でも、最初から40℃に燗をつけた味と50℃に燗をつけて冷めた状態の40℃では味わいが少し違ってくる。燗冷ましの味わいは時間とともに変化し、40℃をきるくらいからさらに甘みが増す。32℃くらいまでは甘みを感じるが、30℃をきると冷たく感じてきて甘みを感じにくくなってくる。黒麹焼酎の場合は冷めてもコクを感じやすいでしょう。

原料

甘藷【かんしょ】

「サツマイモ」に同じ　→「サツマイモ」（p.88）

飲み方・楽しみ方

燗焼酎の適温【かんしょうちゅうのてきおん】

燗をした本格焼酎の適温については、熱燗とよばれる50℃を超えると辛みを感じるので、猪口やぐい呑みに注いだ時に40～50℃弱くらいになるような温度が適温といえるでしょう。日本酒と違って適温と感じる温度帯が焼酎の場合はやや狭いのが特徴である。

場所

甘藷翁頌徳碑【かんしょおうしょうとくひ】

鹿児島県の山川町岡児ヶ水にある徳光神社には琉球から甘藷（サツマイモ）を持ち帰り、薩摩藩に広めた前田利右衛門が祀られており、その功績を讃えた石碑が建てられている。徳光神社は「からいも神社」ともよばれ、毎年季節になると収穫したての新芋が奉納されているという。

製造

間接加熱型蒸留
【かんせつかねつがたじょうりゅう】

蒸留器の中のもろみに直接蒸気を入れずに周りから加熱する方法で、海外の蒸留器で多く使われている。

飲み方・楽しみ方

元祖酎ハイ【がんそちゅうはい】

東京下町の大衆酒場で生まれ愛された焼酎の炭酸割り。今のようにホッピーやハイサワーといった割り材が開発される前は、焼酎に炭酸を加えチューハイの素（店独自に調合した割り材）で味付けして飲まれていた。この飲み方は下町の大衆酒場で今も細々と受け継がれているが、これこそチューハイの元祖であろう。

表 現

がんたれ【がんたれ】

粗悪品の意味。酔って迷惑をかける人のこと。九州地方でよく使われる言葉。

料理・飲み物

缶チューハイ【かんちゅーはい】

チューハイブームの最中の1980年に博水社が酒の割り材「ハイサワーレモン」を発売した頃からチューハイ市場がたいへんにぎわいだした。1983年には東洋醸造（現アサヒビール）が瓶入りチューハイ「ハイリッキー」を発売、初の缶入りチューハイはサントリーから発売された「タコハイ」であった。その後、宝酒造「タカラcanチューハイ」と続き、手軽に楽しめるチューハイがいよいよ市民権を得た時代でもあった。

資格・制度

乾杯条例【かんぱいじょうれい】

各地域の地産品・ご当地のお酒で乾杯しましょう！という公共団体が設けた条例。

料理・飲み物

カンパチ【かんぱち】

南日本に生息するアジ科の海水魚。白身魚の一種だが赤みが強く、刺身で食べても旨味が強い。四国や九州で養殖されており、養殖が一番盛んなのは鹿児島県である。現地では甘みのある醤油をつけて食べるが、これが身の脂とあいまって芋焼酎との相性がいい。

資格・制度

鑑評会【かんぴょうかい】

焼酎や泡盛の鑑評会は福岡国税局（福岡、佐賀、長崎）、熊本国税局（熊本、大分、宮崎、鹿児島）、沖縄国税事務所で1年に1回行われている。鹿児島県は製造所が多いため、国税局主催とは別に鹿児島県独自の鑑評会もある。ほかに酒類総合研究所と日本酒造組合が行う「本格焼酎・泡盛鑑評会」があり、全国の蔵元を対象にしているが、こちらは出品される焼酎や泡盛は少なくマイナーな存在といえるだろう。品質評価については各鑑評会によっても違うが、突出した個性のあるものよりも、雑味のないバランスに優れたものが良い評価を得る傾向がある。すぐれた焼酎には国税局の鑑評会では「優等賞」、鹿児島県の鑑評会では「総裁賞」といった賞が贈られるが、清酒の「金賞」と違い、賞そのものの価値が一般に伝わりきれていないのが残念。

製造

冠表示【かんむりひょうじ】

「芋正宗」「麦のしずく」など、原料を銘柄名につけること。あるいは銘柄名とは別に「芋焼酎」「麦焼酎」とうたうような表示をいう。もちろん冠した原料が一番多く使われていなければならないが、本格焼酎に甲類焼酎を混和し、原料(たとえば芋)の風味を持っているものは「焼酎乙類甲類混和　芋焼酎」と表示することができる。

飲み方・楽しみ方

燗ロック【かんろっく】

筆者（金本）が雑誌の特集内において、今までとは異なる斬新な切り口の飲み方を取材された際に提案したのが、燗ロック。まず焼酎を割らずに直燗し、温度が上がって甘味が増した状態の焼酎を氷の入ったグラスに注いで瞬間冷却させる方法。甘味がふくらんだ状態で焼酎を急冷すると、アルコールの刺激にまるみを持たせることができる。ただ、どんな焼酎にも向くかというとそんなことはなく、芋焼酎や米焼酎、壱岐産麦焼酎、泡盛は甘みがふくらむが、香ばしいタイプの麦麹製麦焼酎や黒糖焼酎は苦味が出る傾向にあるので、あまりおすすめしません。

飲み方・楽しみ方

生【き】

焼酎をストレートで飲むことを「生(き)で飲む」という。焼酎文化圏ではたいてい通じると思いますが、東京の居酒屋だとどうでしょう。

製造

木桶蒸留器【きおけじょうりゅうき】

ステンレス製蒸留器が普及するまで使われていた蒸留器。一時は廃れたが、第三次焼酎ブームの頃から復刻する蔵が現れはじめ、現在は複数の蔵が使用している。アルコールの収得率が落ちるが、通常の蒸留器よりもまろやかになるといわれ、とくに若い木桶蒸留器を使うと木香が焼酎に移って独特の味わいになる。なお、木製だと耐用年数が限られるため5～6年くらいで作り替える必要があるのだが、この蒸留器を作る職人が鹿児島に1人しかいないため、修理や作り替えが難点。

地理

喜界島【きかいじま】

隆起サンゴからなる奄美諸島のうちのひとつ。ほぼ平坦な島で広大なサトウキビ畑が広がり、在来品種の白ゴマの栽培も盛んである。島内には喜界島酒造（喜界島）と朝日酒造（朝日）の2軒の黒糖焼酎の蔵があり、どちらも島で愛飲されている。

START!
焼酎飲み方
お助けチャート
焼酎
飲みたい?
NO!
MILK
牛乳
YES!
今日はどんな気候?
暑い
暖かい
夏に食べたいものは?
人よりお酒は強い方だ
hot
そうめん
スイカ
なべ焼き
うどん
付き合うなら
ピュアな人
人生が
つらい
ロック
炭酸割り
お湯割り
ストレート
炭酸割り

★ それぞれの美味しい飲み方のコツはp.36でチェック！

製造

黄麹【きこうじ】

清酒や醤油・味噌などで使われる麹菌。もともと日本にはこの黄麹しかなかったため、明治時代までは焼酎も黄麹で仕込まれていた。黄麹はクエン酸を生成しないため、九州南部のような温暖な気候では焼酎もろみを腐らせやすいという難点があったが、黒麹や白麹が発見されてからは黄麹は廃れていった。ただ、現代は衛生面や温度管理技術の向上もあり、一部の蔵で使用されている。黄麹で仕込んだ常圧蒸留の焼酎は軽くやさしい味わいで、減圧蒸留ではフルーティーできれいな味わいになる特徴がある。

原料

黍【きび】

その昔、雑穀で焼酎が造られていた時代に使用されていた穀物のひとつ。琉球時代に泡盛の原料としても使われていたこともある。昭和50年頃の焼酎ブーム初期にも熊本で黍焼酎が造られていたが、最近ではきびだんごで有名な岡山県の蔵元で造られているようだ。ちなみにトウキビ（とうもろこし）焼酎とは違う。

料理・飲み物

きびなご【きびなご】

関東や西日本に生息する、細長い体に青い帯のある小さな海水魚。食用のほか、カツオやタイの一本釣り用の餌であったり、昔は肥料にも利用されていた。傷みが早いので鮮度の保てる地域でしか流通していない。鹿児島はじめ九州では郷土の食材として親しまれており、芋焼酎と合わせるなら鮮度のよいものを刺身にして甘い酢味噌をつけて食べるのが一番いい。刺身のほか、煮付けや塩ゆで、天ぷら、唐揚げ、南蛮漬け、干物、佃煮などでも美味しい。

地理

九州【きゅうしゅう】

九州は北部（日本海側）と南部（太平洋側）で気候が違うため、北部は清酒文化圏で、九州南部は焼酎文化圏になる。特に南部は温暖な気候のため清酒もろみを発酵させることが難しく、また米が貴重だったことから穀類や雑穀を使った焼酎が造られるようになったといわれる。

種類・銘柄

牛乳焼酎【ぎゅうにゅうしょうちゅう】

世にもめずらしい牛乳焼酎。穀物でも野菜でもないが、なぜか牛乳が本格焼酎の原料として認められている。熊本県人吉市にある大和一酒造元で造られている。牛乳がふんだんに使われてはいるが、基本的に米と米麹で発酵させている。

飲み方・楽しみ方

牛乳割り【ぎゅうにゅうわり】

昨今の酒場界隈では甲類焼酎を牛乳で割る飲み方がわずかにあるようだが、本格焼酎の場合はどうでしょう。減圧蒸留で製造された焼酎に牛乳を入れる飲み方、実は芋焼酎の生産地・鹿児島や米焼酎の生産地・熊本の球磨地方では、おじいちゃんの晩酌割りに用いられるスタイルでもあります。

原料

協会酵母【きょうかいこうぼ】

日本醸造協会で頒布している酵母。日本酒用、焼酎用、ワイン用といろいろあるが、有名なのは日本酒用酵母。焼酎用の酵母は日本醸造協会酵母よりも県独自による酵母を使用している場合が多い。鹿児島県であれば鹿児島県工業技術センターで開発された酵母、熊本県では熊本酵母などがある。

表現

キレ【きれ】

のどごしや後味を表現する時に使う。一般的には甘味や旨味の余韻が短くて後味がさっぱりしている時に「キレがよい」と表現する。基本的に焼酎は辛口なので、キレがよいものが多いが、重厚な味わいのものや長期熟成酒などは旨味や熟成感が口の中でしばらく続くものがあり、こちらは「キレが悪い」とは言わず「余韻が長い」と表現する。

表現

吟醸香【ぎんじょうこう】

焼酎で吟醸酒の香り？ 一番わかりやすいのは熊本県球磨地方の米焼酎でしょう。有名な銘柄としては鳥飼酒造の「吟香鳥飼」という銘柄の米焼酎。アルコール度数25度とはいえ、その香りと味わいは日本酒の大吟醸を彷彿させるとして名高い吟醸焼酎です。

種類・銘柄

キンミヤ焼酎【きんみやしょうちゅう】

三重県四日市市にある（株）宮﨑本店製の甲類焼酎。キンミヤは通称で、正式名称は「亀甲宮焼酎」という。宮﨑本店は清酒（銘柄：宮の雪）や本格焼酎も製造しているが、売上の多くを占めているのはこのキンミヤである。まろやかな味わいとほのかな甘みが特徴で、ホッピーやチューハイのベースとして人気だが、キンミヤの味を作っているのは近隣の鈴鹿川源流の地下水。また、水で割ってすぐ出荷せずにアルコールと水がなじんでから出荷をしているのも、キンミヤならではの味を作る大事な要素となっている。昔から東京の下町を中心にホッピーやチューハイのベースとして使われてきたが、2011年前後あたりからの大衆酒場ブームとともに、レトロ感あふれるボトルのキンミヤも急速に販売量を伸ばし、居酒屋に通う呑兵衛たちなら誰もが知っている存在となった。地元の伊勢湾と鈴鹿川をイメージしたような淡い水色のラベルに、金色に輝く「宮」の文字が居酒屋の棚を華やかに彩っている。

写真提供／（株）宮﨑本店

容器

ぐい呑み【ぐいのみ】

酒を飲む時の酒器。猪口と形状は似ているが、こちらの方がやや大きい。材質は陶磁器のほか、木製、ガラス製などいろいろある。「ぐいっと呑む」が言葉の由来とされているが、かといって湯呑みほど大きなものでもないので、前割りや燗をつけた焼酎を注ぐのにいいでしょう。ロックや水割りで飲むには小さいかもしれません。

種類・銘柄

古酒【くーす】

「古酒（こしゅ）」に同じ　→「古酒」（p.82）

成分

クエン酸【くえんさん】

レモンをはじめ柑橘類に多く含まれている有機酸の一種。柑橘類や梅干しの酸味はクエン酸によるものが多い。焼酎の製造では白麹菌、黒麹菌が生成するクエン酸によってもろみを雑菌の侵入から防ぎ、安全にもろみを発酵させることができる。蒸留によって揮発しないので、クエン酸の風味は焼酎には移らない。

種類・銘柄

葛焼酎【くずしょうちゅう】

葛（くず）はつる型の植物で、根を用いてくず粉や漢方薬などが作られ、秋の七草のひとつにも数えられている。本格焼酎として名乗ることのできる原料の中にくず粉も含まれており、現在は福岡県の蔵でくず焼酎が造られている。米や米麹で発酵させ、くず粉は副原料として使用されている。

表現

クセ【くせ】

同類の焼酎にはあまりないような、違和感を感じる香りや味わいを「クセ」と表現するのではないでしょうか。減圧蒸留タイプよりも常圧蒸留タイプで感じることが多いと思いますが、その焼酎の個性と思って楽しみましょう。

社会・民俗

口噛み酒【くちかみざけ】

米などの穀物やイモ類、木の実などを口に入れて噛んで吐き出し、それを発酵させて造った酒。唾液の成分がデンプンをブドウ糖に変え、野生酵母によってブドウ糖からアルコールが生成される。古代日本の各地、琉球、奄美諸島ほか東南アジア～環太平洋地域で造られていたほか、中南米やアフリカなど世界各地に見られた。口で噛んでは吐き出す作業を長時間続けると歯やアゴが痛むため、とてもつらい作業だったようだ。昔の酒造りは宗教的な儀礼や年間の行事に際して行われることが多く、20世紀初頭まで日本の一部（沖縄など）でこの習俗が残っていたといわれている。

種類・銘柄

球磨焼酎【くましょうちゅう】

熊本県南部の人吉市を中心とした人吉盆地（球磨地方）にて伝統的に造られる米焼酎。江戸時代は米が貴重品であったが、山奥にあった当時の相良藩では隠し田を持っていたとされ、豊富な米を使って焼酎が造られていた。現在は大規模な蔵もあるが、ほとんどは家族経営の小さな蔵が多く、昔ながらの石室で手造り麹にて焼酎造りを続ける蔵も少なくない。ある意味、九州の焼酎の中で素朴な地域性を一番残している焼酎かもしれない。

資格・制度

球磨焼酎の日【くましょうちゅうのひ】

熊本県南に位置する人吉を含む球磨地方は古くから米作りが盛んな地方であり、米で造る焼酎の歴史は500年。WTOの地理的産地指定表示を「球磨焼酎」として受け、毎年8月8日は球磨焼酎の記念日として称されることになった。

飲み方・楽しみ方

球磨拳【くまけん】

鹿児島の酒宴での遊びにナンコ（薩摩拳）というのがあるが、球磨拳は熊本に伝わる遊び。ナンコは木の棒を使うが、こちらは手のみのじゃんけんのようなもの。2人で向かい合ってかけ声とともに両者が片手を差し出して、その時に開いた指の数が1つ多い方が勝つ。たとえば0と1では1が勝ち、4と5では5が勝つ。ただし0と5では0が勝つルールになっている。指の数が2つ以上違う場合はあいことなる。

地理

熊本県【くまもとけん】

日本で屈指の米焼酎の本場。とくに人吉市を中心とした球磨地方では、山間の狭い地域ながらたくさんの米焼酎蔵が集まっている。米焼酎が主流ではあるが、第三次焼酎ブームの頃から熊本県でも芋焼酎が飲まれるようになるなど、飲酒事情が変化してきている。

地理

久米島【くめじま】

沖縄本島の西にある人口7600人ほどの島。標高200～300ｍの山もあって水には恵まれ、昔は米の産地だったが現在はサトウキビ畑が広がっている。島には泡盛最大手のひとつ「久米島の久米仙」と、米島酒造が造る「久米島」という銘柄がある。「久米島の久米仙」は泡盛メーカーの中では名の知れた会社ではあるが、島では意外と米島酒造の「久米島」が健闘しているようだ。「久米島の久米仙」はいわば沖縄のどこでも飲めるが、「久米島」はほぼこの島でしか飲めないのが魅力なのかもしれない。

容器

グラス【ぐらす】

大小や形、厚みなどいろんな種類のグラスがあるが、深みのあるグラスは香りをほどよくとどめて豊かな香りを長く楽しむことができ、薄手のグラスは体温が伝わりやすく温度変化を直に楽しめる。最近ではワイングラスで焼酎を飲むスタイルもあり、こちらはスタイリッシュかつお洒落に焼酎の香りを楽しむのによいでしょう。

原料

蔵付き酵母【くらつきこうぼ】

蔵に自然に住み着いた酵母。市販されている酵母とは違い、その蔵独自の味わいが出せる（かもしれない）魅力がある。蔵の柱や壁、梁などから採取して培養するが、それがきちんと安全に、しかも毎回安定して発酵できるかが確認できないと、おいそれと使用はできない難しさがある。

種類・銘柄

グラッパ【ぐらっぱ】

イタリアで造られる蒸留酒で、ブランデーの一種。ワインを造る際に出るブドウの搾りかすを発酵させ、その後蒸留して造る。ブドウの搾りかすの香りが強烈で、ブランデーの香りとは一線を画すものが多い。一般的なグラッパは樽熟成を行わないため無色透明のものが多いが、ブランデーのように樽熟成させたものもある。フランスでブドウの搾りかすで造った蒸留酒はマールという。

社会・民俗

蔵元【くらもと】

日本酒や焼酎、泡盛や醤油や酢など、日本における伝統的な酒や調味料を造る会社を通称として蔵元とよぶ。ちなみにワインは蔵元ではなくワイナリーとよばれる。

種類・銘柄

栗焼酎【くりしょうちゅう】

栗の生産の多い愛媛県や兵庫県、宮崎県などの蔵で造られている。栗だけでは発酵しにくいので麦や米、米麹を用いることが多い。芋や麦などの原料と比べると、栗は特徴が出にくく、栗をふんだんに使っても一般的にイメージされるお菓子のような甘いホクホクした風味にはなりづらいのが難しいところ。

表 現

玄人【くろうと】

焼酎の玄人とは一体何でしょう。より多くの焼酎を飲んだ人が玄人？人より多くの焼酎の知識を持つ人が玄人？焼酎における本当の玄人とは、焼酎の一辺倒な型や枠にはまらず、どんな焼酎もこよなく親しみ、ひも解くことのできる人のことではないでしょうか。

原 料

黒麹【くろこうじ】

麹カビの一種で菌糸が黒色。麹の生育が若ければ灰色どまりの色だが、時間をかけて菌糸を生やさせると真っ黒な麹ができあがる。もともと黒麹は沖縄の泡盛造りに使われていたが、明治時代に日本本土にも導入され、もろみを腐らせることなく仕込めるので黄麹に代わって普及した。麹由来の苦渋味をふくむ力強い深みとコクがあり、後口はキレがよいのが特徴。今では改良されて使いやすくなったが、昔は麹菌の胞子が飛散して体や服を黒く汚すなどの難点もあった。1970年頃には白麹が一般的となるが、1980年代後半に大口酒造が「黒伊佐錦」を発売したあたりから黒麹焼酎が少しずつ見直されてきた。

社会・民俗

黒瀬杜氏【くろせとうじ】

笠沙杜氏ともいう。鹿児島県旧川辺郡笠沙町(南さつま市)黒瀬地区出身の杜氏集団のこと。黒瀬、片平、宿里、神渡、久保などの苗字を持った人が多い。明治の頃からいち早く黒麹の焼酎を始めたといわれる。雇用や経済の変化とともに出稼ぎ杜氏は減り続け、最盛期には350人以上いた黒瀬杜氏は、今となってはほとんどいなくなってしまった。南さつま市笠沙町には「焼酎づくり伝承展示館 杜氏の里笠沙」という施設があり、そこでは季節によっては焼酎の仕込みの見学ができたり、焼酎についての展示館や売店などが設けられている。

容 器

黒ぢょか（千代香）【くろぢょか(ちょか)】

鹿児島を代表する伝統酒器。陶器製のものは黒いので通常「黒ぢょか」とよばれる。錫製の「ちょか」もある。そろばんの玉のような平べったい形をしていて取っ手と注ぎ口がついている。昔はこれに焼酎を入れて囲炉裏や火鉢にて直接温めて飲んだ。コンロの直火に弱く現代のキッチンでは使用しにくいが、最近はコンロに直接かけられる黒ぢょかも開発されている。

料理・飲み物

黒豚【くろぶた】

黒豚の歴史は約400年前に薩摩藩が琉球から移入した頃に始まる。その後、明治初期にイギリス南東部からバークシャー種という豚を導入して在来種やほかの品種とも交雑させ、今の黒豚が作られた。幕末の頃にはほかの藩にもその名が知られ、昭和30年代には東京でも黒豚ブームが起こる。だが同じ頃、鹿児島県内に経済効率のよい白豚が台頭して黒豚の存在が危機に瀕したことも。しかし県としては量より質の黒豚の振興に力を入れることになり、今では鹿児島を代表する特産品のひとつとなった。黒豚は六白豚（ろっぱくぶた）ともよばれ、肉質はやわらかくて旨味があり、臭みも少ない日本屈指のブランド豚といえる。

表 現

下戸【げこ】

体質上、お酒を飲めない人を表す言葉です。

製 造

欠減【けつげん】

貯蔵中に蒸発などで酒が自然に減ることがある。そのほか、容器やホースの漏れ、タンクからタンクへの移動、ろ過、瓶詰め時にも酒が減ったりする。これらを欠減という。意図しない状況により酒が減った場合、少量でもその一滴一滴が酒税にかかわることであり、減った分は報告しなければならない。厳しい。

製 造

減圧蒸留【げんあつじょうりゅう】

単式蒸留器で行われる近代的な蒸留方法。蒸留器の中の圧力を下げることによって沸点を下げるのだが、この方法は富士山の頂上でお湯を沸かすと90℃未満で沸騰するのと同じ原理。低沸点の成分のみを焼酎に移すことができ、きれいで飲みやすい味わいになる。芋らしい風味や麦焦しなどの原料由来の豊かな風味は、沸点が高いので減圧蒸留の焼酎には移らない。減圧蒸留は麦焼酎や米焼酎などで多く行われている。

製 造

原酒【げんしゅ】

蒸留してそのままの状態の酒、ではあるが、法律では本格焼酎はアルコール度数45%以下、甲類焼酎はアルコール36%未満と定められているので、原酒を製品化する場合は法定どおりか下まわる度数にしなければならない。本格焼酎の原酒は一般的にはアルコール37%前後のものが多いが、蒸留を早くカットすれば原酒のアルコール度数は45%まで上げることは可能。

原 料

原料用アルコール

【げんりょうようあるこーる】

穀類や糖蜜を発酵させたものが原料で連続蒸留器によって生成される、アルコール度数95%以上のほぼ純粋なアルコール。これをアルコール36%未満まで割り水することで甲類焼酎ができあがる。この原料用アルコールは醸造用 アルコールとして、リキュール、みりん、日本酒、合成清酒などの原料にも使われる。

原 料

玄米【げんまい】

稲モミからモミ殻を取り除いた状態の米。白米と比べてビタミン、ミネラル、食物繊維を豊富に含んでいる。炊く時は長時間水に浸しておくのがコツ。玄米での酒造りは時間と手間がかかる上、玄米には丈夫な皮（糠層）があるため、麹菌が繁殖しにくいという難しさがある。

種類・銘柄

甲乙混和焼酎【こうおつこんわしょうちゅう】

甲類焼酎に乙類（本格焼酎）を混和（ブレンド）したもの。ラベルには「焼酎甲類・乙類混和」「連続式・単式蒸留焼酎混和」と表示される。甲類と乙類の順番は割合の多い方が優先される。味のない甲類焼酎に本格焼酎のコクをプラスしたり、本格焼酎をより飲みやすくするために甲類焼酎をブレンドするのが目的。あるいは本格焼酎の味わいを保ったまま、より安く販売するために甲類焼酎をブレンドすることもある。本格焼酎に甲類焼酎をブレンドした場合は「本格焼酎」とは表示できないが、本格焼酎の割合が多く、原料の風味を持ったものは「（例）芋焼酎」などと表示することができる。

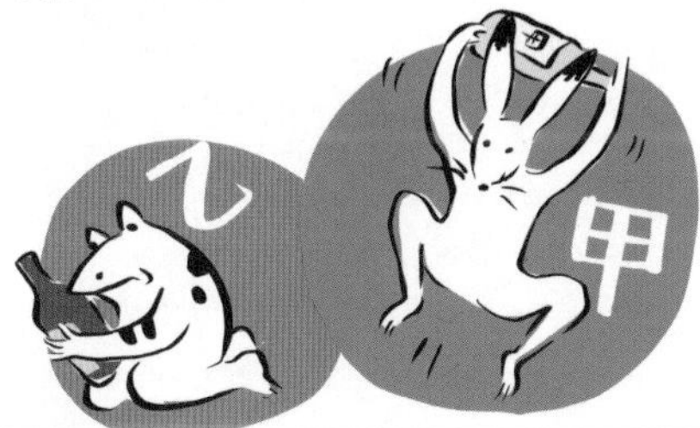

原料

麹【こうじ】

麹菌（コウジカビ）を米や麦などに生やしたもの。麹菌が作る酵素によって原料を糖化してアルコール発酵の手助けをする。日本や中国の酒造りはともに麹を使うが、日本の「コウジカビ」は蒸した穀物ひと粒ひと粒に麹菌を繁殖させるため「ばら（散）麹」ともいい、中国の蒸留酒・白酒（パイチュウ）に使われる麹は穀物を粉にして練り、蒸さずにレンガ状に固めて麹菌を繁殖させるため「餅（もち）麹」とよばれている。

写真提供／大海酒造（株）

原料

麹菌【こうじきん】

カビの一種。日本のコウジカビの菌糸には色がついており、その色によって白麹、黒麹、黄麹などに分かれる。アルコール発酵における麹菌の役割は、作られる酵素によって原料を糖化して発酵の手助けをする点にある。温暖で湿度の高い日本の気候はカビの生育に適しているため、昔からカビを利用した発酵食品が発達してきた。また、日本の酒造りでは「コウジカビ」を使うが、中国では「クモノスカビ」という別の麹菌が使われている。

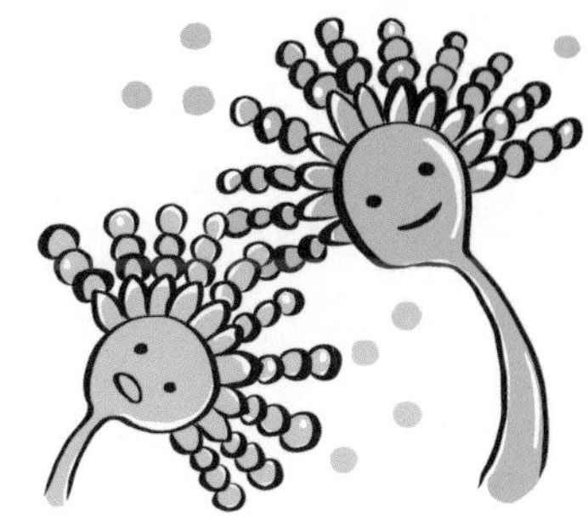

製造

麹蓋【こうじぶた】

蓋麹（ふたこうじ）法で麹を造る際に使う道具。縦45cm×横30cm×深さ5cmくらいの浅型長方形の木製のハコで、米麹が一升くらい入る。床麹法よりも手間暇がかかるため、日本酒では吟醸酒などを仕込む際に使われることが多い。焼酎造りにおいては麹室において麹を手作業で造る蔵は少数で、その上、麹蓋を使って麹を造る蔵はごく一部である。

写真提供／（有）中村酒造場

ホッピーとレモンサワー談義

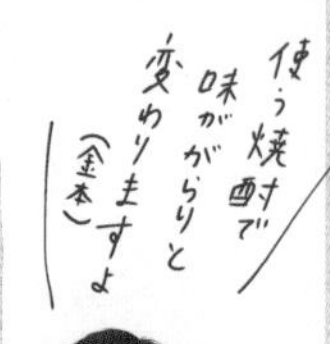

使う焼酎で
味ががらりと
変わりますよ
(金本)

甲類焼酎の飲み方2トップを独走する
レモンサワーとホッピーについて
著者二人がほろ酔いで語ってみました。

編集（以下：編）
「さて今回は、みんな大好き・ホッピーとレモンサワーについて語っていただきます。どちらも甲類焼酎の飲み方ですね」

金本（以下：金）
「2トップですね、甲類の」

沢田（以下：沢）
「大衆酒場の定番ですよね」

編　「どちらも居酒屋で老若男女問わずよく飲まれているイメージがありますね。なぜ人気なんでしょう？」

沢　「レモンサワーもホッピーも、安いしとっつきやすいよね」

金　「味としては、どちらもすっきりして飲みやすい。そうゆうライトなものが最近は好まれてますよね」

長きにわたって愛されているホッピー

沢　「僕の若い頃ってあんまりホッピーってメジャーな感じじゃなかったけど、いつからこんなブームになったんですかね？」

金　「いろいろなタイミングが重なってブームになりましたね。タモリ倶楽部、酒場放浪記で取り上げられたり。ちょうど健康志向も高まっていた頃だし、プリン体ゼロのホッピーを選ぶ人も多かったんでしょう。まあでもカロリーの高いおつまみ食べちゃえば一緒なんですけど（笑）」

沢　「ホッピーって戦後、ビールが高かった頃に、安くビール風のものが飲みたいってところからできたものですよね」

編　「BETTAKO（金本氏のお店）では生ホッピー（メーカー正式名称：樽ホッピー）も出してますよね」

金　「そうですね。16年前ぐらいからやってます。生ホッピーに関しては、どの甲類焼酎が合うのか、全国すべての銘柄を取り寄せて試しましたよ。やっぱり割り材と中身（甲類焼酎）の相性が一番大事なんだよね」

沢　「ちなみにBETTAKOでは（甲類焼酎は）何使ってるの？」

金　「山形県の爽金龍（さわやかきんりゅう）です」

沢　「甲類焼酎、突き詰める人ってなかなかいないよね、すごい（笑）」

金　「さらに、ホッピービバレッジさんが推奨しているホッピーの飲み方で飲むのがおすすめですね（※右ページ参照）」

BETTAKO流 レモンサワー＆ホッピーの飲み方

レモンサワー

甲類焼酎をグラス1/3+レモンコンク(レモン味の割り材)をグラスに入るだけ注ぐ
氷ありの場合は、氷を入れたあとに焼酎をグラス1/3、残りにレモンコンク
美味しく飲むポイントは焼酎、割り材を冷やしておくこと！
(ぬるいと炭酸の泡が粗くなる)

ホッピー

甲類焼酎：ホッピーの黄金比は1：5
ホッピーは"三冷"(グラス、焼酎、ホッピーをキンキンに冷やす)で氷は入れないのがメーカー推奨
泡を立たせてホッピーを注ぐと美味しい

番外編

生ホッピー(樽ホッピー)

あらかじめジョッキに注いで凍らせた甲類焼酎に生ホッピーを注ぐ
お店でしか飲めない味！ぜひお試しあれ

レモンサワーブームはSNSがきっかけ？

金「レモンサワーがいつからあったのかっていうと、1980年代のチューハイブームの時にはレモンサワーとかレモンハイみたいのはすでにけっこう広まってましたね」

沢「最近またレモンサワーがブームじゃないですか。いつのまにか盛り上がっていたという感じだったけど、やっぱりSNSかな。映えやすいというか」

金「黄色いし、かわいいし(笑)」

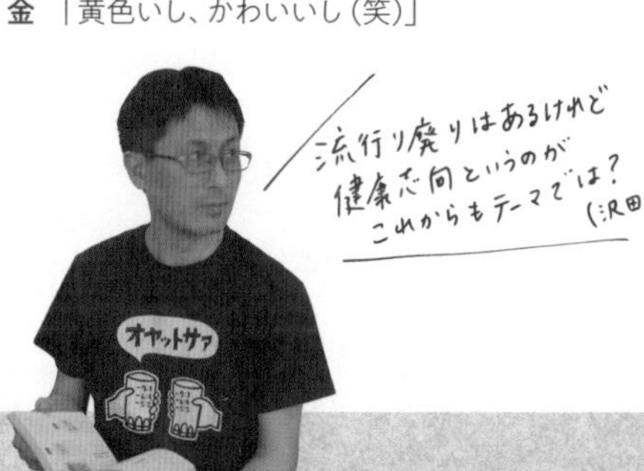

流行り廃りはあるけれど健康志向というのがこれからもテーマでは？(沢田)

沢「生搾りレモンって画になるんだよね。見た目もさわやかできれいだし」

金「今どきの人に受けそうだよね。これからはいかにSNSを使って、お酒の情報を伝えるかがキーになっているよね」

編「今後は何ブームが来ますかね？」

金「今のところ、この2トップを崩すのは無理ですよ」

編「え〜」

金「でもまあ、次に来るとしたら…ほうじ茶割り、玄米茶割りとかかな」

編「お茶、体に良いですしね」

沢「こだわって淹れたほうじ茶で割って飲んだりね。インスタ映えとしてはかなり渋いな〜(笑)」

金「でもね。結局みんな何でもいいんですよ。だって、酒呑みって寂しがり屋なんだもの！」

一同「(笑)」

製造

麹室【こうじむろ】

麹を生育する部屋で、基本的に密室。製麹中は高温のため作業中は汗だくになることも。麹室にて手造りで製麹する蔵は日本酒では多いが、焼酎の蔵で麹室が残されているのは熊本県球磨地方の米焼酎蔵が多い。沖縄県八重山地方の泡盛蔵の一部でも麹を手作業で造っているが麹室自体がなく、開放型の麹床で麹が造られている。その他の地域の蔵の焼酎・泡盛蔵ではほとんどが自動・半自動の製麹機で造られている。

写真提供/(有)中村酒造場

表現

香辛料香【こうしんりょうか】

焼酎から、胡椒、クミン、ナツメグ、シナモンなど乾燥した種子や木の皮の香りなどがたつ場合にスパイシーと表現することがある。原料由来の場合もあるが、麹や貯蔵容器(甕など)に由来することが多い。

原料

硬水【こうすい】

WHO(世界保健機関)の基準で硬度120～180 mg/L未満の水のこと。海外では硬水は多いが、日本ではほとんどが軟水～中硬水のため、硬水が出る地域は関東の一部や沖縄を含む南西諸島くらいと非常に限定されている。酒の仕込みに使うと発酵が進みすぎたり、またできあがりの味わいも重くなるので、硬水の地域は軟水器を使用する蔵もある。この硬水で焼酎を割るとミネラル感が強く重い味になるので、あまりおすすめはしない。

雑学

香水【こうすい】

香水の製造方法にはさまざまな方法があるが、植物性香料の抽出によく用いられるのが「水蒸気蒸留法」。10～11世紀ごろにはヨーロッパでその方法が確立されていたとされ、植物を蒸留器に入れて水蒸気で香りを抽出させる方法。熱や圧力に弱い植物や柑橘系果実の果皮から香水を抽出する場合はほかの方法が使われる。

種類・銘柄

合成清酒【ごうせいせいしゅ】

醸造用アルコールに清酒、糖類、乳酸、コハク酸、アミノ酸などを加えて清酒風味にした酒。昭和初期から戦後の米不足の時代に生産量を伸ばした。清酒よりも酒税が安いので、清酒の代用(飲用、料理用等)として使われる。

製造

酵素【こうそ】

日本酒や焼酎においては、麹菌の生みだす酵素は穀類に含まれるデンプンを糖化し、また、酵母菌が生みだす酵素は糖分をアルコール発酵させる働きを持っている。このように酵素は酒を造る際に大切な要素である。

地理

神津島【こうづしま】

伊豆諸島にある人口1900人ほどの島。山の島で街並みは坂道が多く細い路地が入り組んでいる。特産はテングサ（ところてんの原料）やクサヤ、赤イカ、金目鯛などの水産物。焼酎は「盛若 樫樽貯蔵（麦）」が人気で、年配の方などには昔ながらの乙甲混和焼酎「盛若 和（なごみ）」も根強い。本格焼酎ではなく甲類混和焼酎が支持されているという島独自の嗜好性は特徴的。またほかの周辺の島と違って、この島には島外の焼酎はあまり入ってきていないようだ。

成分

硬度【こうど】

水1Lあたりのカルシウムやマグネシウムなどの含有量を炭酸カルシウムの量に換算して数値で表したもの。WHO（世界保健機関）の定める基準によると、0～60mg/Lが軟水、60～120mg/Lが中硬水、120～180mg/Lが硬水、それ以上が超硬水とされている。軟水か硬水かによってもろみの発酵に違いがあり、焼酎の原酒を割り水する際にも水質はできあがりの味わいに大きな影響を及ぼしている。もちろん私たちが焼酎を飲む際にも割る水が軟水か硬水かによっても味わいが変わってくるので、いろいろ試してみるとおもしろい。

原料

酵母【こうぼ】

糖分をアルコールに変える微生物。焼酎や日本酒の発酵においては、麹菌がデンプンを糖に分解し、それを酵母の働きによってアルコールが生成されている。酵母菌は基本的に醸造用に純粋培養されたものが市販されており、焼酎酵母、日本酒酵母、ビール酵母、ワイン酵母など、目的とする酒によって酵母が開発されている。通常、焼酎には何種類とある焼酎酵母の中から目指す酒質に合った酵母が使われているが、最近はあえてワイン酵母やビール酵母を使用した焼酎も開発されてきており、今までの焼酎にはない新たな風味の焼酎が生まれている。

製造

後留【こうりゅう】

「末垂」に同じ　→「末垂」（p.110）

資格・制度

光量規制【こうりょうきせい】

ウイスキーと焼酎を区別するための規制。「酒税法及び酒類行政関係法令等解釈通達」には光量に関する規制が書かれてあり、木製の容器で貯蔵させた焼酎の色はウイスキーの1/10程度でなければならないという解釈がされている。なぜウイスキーと焼酎を区別しなければならないのかは、酒税の税率をウイスキーと焼酎で区別するためとも、消費者の誤解を生まないようにとも、欧米のウイスキー業界の圧力があったためともいわれているが、この規制ができたはっきりした理由はよくわかっていない。樽で長期貯蔵させるほど、色や香味がウイスキーに似てくる。この規制を取り払って樽貯蔵焼酎の可能性を追求したい、という考えもあれば、規制がなくなったら本来の焼酎らしい風味をなくしてしまうので規制は維持すべき、という意見もある。

種類・銘柄

甲類焼酎【こうるいしょうちゅう】

ホワイトリカーともいう。穀類や廃糖蜜を発酵させたものや粗留アルコールを連続式蒸留器で蒸留したもの。蒸留したての原酒は原料用アルコールとよばれ、アルコール度数が95%以上もあるので、これをアルコール36%未満まで割り水したものが甲類焼酎である。原料の風味がある乙類焼酎に対して甲類焼酎は非常にクリアな風味なので、果汁やジュースなどで割ったりカクテルの材料に使われる。1980年代には当時の若者に受けて第二次焼酎ブームを牽引した。意外に知られていないのは連続式蒸留器の設備を持つメーカーは全国でも少ないということ。(大手を除く)各甲類焼酎メーカーは大元のメーカーから原料用アルコールを買って、自社の水でアルコール度数36%以下に調整して販売しているのが現状である。甲類焼酎は基本無味無臭だが、使われる水によって味わいが微妙に違うのがおもしろい。味わいに特徴を出す方法としては、樽貯蔵した甲類焼酎を少量ブレンドするなどの方法がある。

種類・銘柄

コーヒー焼酎【こーひーしょうちゅう】

焼酎にコーヒーを漬け込んだ飲み物。作り方は、35%の甲類焼酎100 mlに対してコーヒー豆を10 g程度入れて数日おいたらできあがり。味を見ながら適当なところで豆を引き上げてください。別の風味にも挑戦したいという方は芋焼酎や麦焼酎などの本格焼酎でもOK。ロックや牛乳割りなどで飲むのがオススメ。ちなみにコーヒーは本格焼酎の原料としては認められていないので、コーヒーを焼酎もろみに入れて蒸留しても「本格焼酎」と名乗ることはできません。

飲み方・楽しみ方

氷【こおり】

焼酎を氷で割るとアルコールの辛みがおさえられる。市販のロックアイスは純水で作られており溶けにくいのが特徴。自宅でミネラルウォーターで作った氷は味わい深くなるのでぜひお試しを。

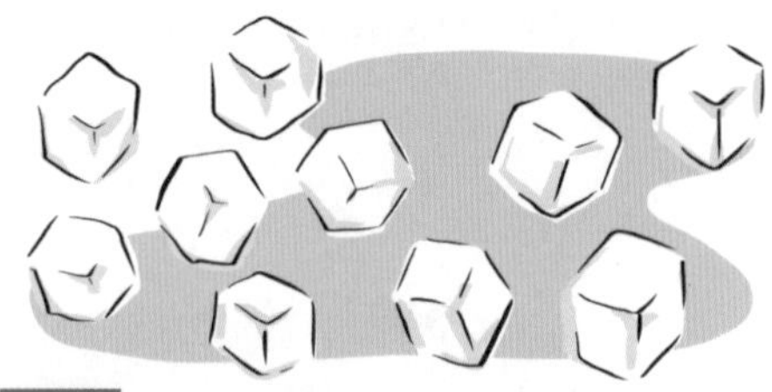

場　所

郡山八幡神社の落書き

【こおりやまはちまんじんじゃのらくがき】

鹿児島県の伊佐市大口大田という場所に、1194年に創建され国の重要文化財に指定された八幡神社がある。昭和29年の修復工事中に、「施主はたいへんケチで一度も焼酎を振るまうことなく非常に残念だった」という日本最古の焼酎に関する落書きの板が発見されたことで有名な神社。

原　料

コガネセンガン(黄金千貫)

【こがねせんがん】

鹿児島県で最も多く栽培されている、皮も中味も黄白色のサツマイモ品種。ふかすと甘くて美味しいため青果用としても人気で、デンプン原料用にも多く使われている。焼酎原料としても一番ポピュラーな品種で、鹿児島県の蔵元の地元向けレギュラー焼酎にはコガネセンガンが多く使われている。

表現

コク【こく】

コクは旨味と同視されがちだが、さまざまな味わいがからみ合う「複雑な味わい」のことを指す。黒麹で造った焼酎には、原料の旨味のほか麹由来の苦渋味なども加味され、コクのある味わいのものが多い。

原料

黒糖【こくとう】

サトウキビやテンサイの搾り汁を煮詰めて作った含蜜糖で、これを精製すると白砂糖になる。日本では主に奄美諸島～沖縄でサトウキビが栽培されている。分蜜糖への移行や統廃合により、奄美諸島や沖縄にあった多くの黒糖工場は今では数えるくらいしか残っていない。各島・各工場の製法に大きな違いはないが、サトウキビの品種や栽培方法、土壌、気候により品質や味わいが違うのがおもしろい。奄美諸島の黒糖焼酎の原料にも使われるが、この場合、ブロック状に成形された黒糖をお湯で溶かしてから使用される。黒糖焼酎の原料で使用されているのは沖縄産が主で、そのほか、南米や東南アジア産のものを使用するところもある。奄美産黒糖よりも沖縄産が使われる理由は「沖縄振興開発特別措置法」による補助金等があり、奄美産よりも価格が安くなるためである。

種類・銘柄

黒糖焼酎【こくとうしょうちゅう】

黒糖を原料とした焼酎で、現在は奄美諸島においてのみ製造ができる。戦後、奄美諸島が日本に復帰した時、黒糖が原料のラムと区別するために米麹を使用することを条件に特例として認められた。黒糖が原料ではあるが、蒸留酒なので黒糖由来の風味はするが焼酎に含まれる糖分はゼロである。歴史的には奄美諸島では昔から黒糖が使われていたわけではなく、江戸時代は糖蜜のほか、米、シイ、ソテツ、粟、麦、芋、ユリ根などで焼酎を造っていたとされる。現在、焼酎に使われている黒糖の産地は、奄美産は一部で、多くは沖縄産や海外産のものが多い。黒糖はブロック状のものを仕入れ、これを湯に溶かしてから仕込みに使われる。市場的には風味が強い常圧蒸留のものよりも減圧蒸留の飲みやすいタイプが主流である。

表現

焦げ臭【こげしゅう】

焼酎もろみを蒸留する過程の後半で生じる香りのこと。末垂に含まれるフルフラールといった成分が多いと焦げ臭を感じる。蒸留はじめの部分（初留）は香気高く、中留部分になるにつれて穀物香をともなっていく。末垂の部分まで全部取ることができれば風味豊かな焼酎ができあがるが、この焦げ臭などの末垂臭を好まない人もいる。蒸留をどこで止めて末垂をどこまで焼酎に移行させるかを決めるのは杜氏の判断であり、技術の見せどころである。

容器

五合瓶【ごごうびん】

900 ml瓶。中容量サイズでいうと日本酒では720 ml（四合瓶）が主流だが、九州の焼酎は900mlが多い。実際、九州では900ml瓶が普及しているので720 ml瓶よりも瓶単価は安く、そのため同じ中味でも720 ml瓶の商品よりも900 ml瓶の商品の方が安いという現象が起きている。ちなみに五合瓶は九州では「ごんごうびん」とよばれている。

種類・銘柄

古酒【こしゅ】

長期間貯蔵させた酒。製品に表示する場合は、3年以上貯蔵熟成させた原酒を50%以上含む焼酎や泡盛に対してつけられる。泡盛の古酒（クース）の基準は厳しく、たとえば「5年古酒」と表記するためには、5年以上貯蔵したものが全量でなければならず、そうでなければ混和率を表示するか、年数を冠さず「古酒」としか表示できないことになっている。古酒の造り方のひとつに「仕次ぎ」という方法があり、これを取り入れる蔵は多い。

雑学

コスト【こすと】

焼酎にはさまざまなコストがかかっている。現在の本格焼酎の酒税はアルコール25％、1800 ml換算で450円。原料代や人件費も大きいが、意外とばかにできないのが瓶代とラベル代。これは見栄えのいい商品がもてはやされる昨今、特にコストがかかる分野である。また、焼酎は粗利も食品と同じくらい低いので、ネット販売をする小売店はネット掲載、キャッシュレス決済などの各種手数料を引くと利益がほとんど出ていないのが現状である。

雑学

五臓六腑【ごぞうろっぷ】

五臓六腑に染み渡る…というフレーズを聞いたことがありますか？ 古くから酒飲みはアルコールを飲んだ際、内臓に染み渡るような…という表現を多く用いてましたが、中国の伝統医学において5つの内臓と6つの腑のことを「五臓六腑」といっていたそうです。

地理

五島列島【ごとうれっとう】

長崎市西の列島。現在、五島列島には2つの焼酎蔵があるが、どちらも2000年代後半にできた新しい蔵である。もともと麦や芋の栽培が盛んな島で、地の作物を原料にした焼酎が造られている。とはいえ、島産の焼酎はやや価格が高いので、五島では壱岐島の樽貯蔵麦焼酎がよく飲まれているようだ。

原 料

寿いも（宮崎紅）【ことぶきいも】

宮崎県を代表するサツマイモの品種で、南部の串間市を中心に栽培されている。高系14号から選抜育成され、皮が赤く中味が黄白色。焼酎原料用にも用いられる。

原 料

ゴマ【ごま】

起源はインドとされ、アフリカに多くの野生種が分布している。種子が食材や食用油などの油製品の材料とされ、焼酎の原料としても利用されている。

種類・銘柄

胡麻焼酎【ごましょうちゅう】

ゴマを使った焼酎で、福岡県の紅乙女酒造で造られている。発酵のため原料に麦や米麹が使われてはいるが、ゴマもふんだんに使われているのでかなりゴマの風味が強い。

原 料

米【こめ】

米焼酎や泡盛の原料であるとともに、ほとんどの芋焼酎や黒糖焼酎、麦焼酎（主に壱岐島）の麹の原料に米が使われている。最近の焼酎麹には国産米が使われることが多いが、一部ではタイなど外国産の米も使われている。外国産の米が使われる理由は安価というほかに、米の含有水分量が安定しており良質の麹が造りやすいという利点があるためである。国産米を麹に使った場合、焼酎の味わいは上品になりやすく、反対にタイ米で麹を造るとコクのある風味になりやすい。米麹とはいえ、米の品種によって焼酎の風味は大きく左右される。

種類・銘柄

米焼酎【こめしょうちゅう】

米を主原料とした焼酎。泡盛も米焼酎の一種といえる。米焼酎は熊本県の人吉を中心とした球磨地方を中心に造られており、現地では白麹仕込みで減圧蒸留された飲みやすいタイプのものが多く流通している。米を原料としているためか、日本酒に似ているものととらえている人が多く、全国的な需要は大きくない。だが実際は日本酒に似て非なるものであり、とくに常圧蒸留の米焼酎は濃醇なタイプも多く、ある意味芋焼酎よりも風味が強いものも散見される。

資格・制度

米トレーサビリティ法

【こめとれーさびりてぃほう】

米の生産から流通、販売までの各段階に対して、取引等の記録を作成・保存しなければならない法律。米や米加工品に問題が発生した際に流通ルートを速やかに特定するためで、米の産地情報を取引先や消費者に伝達するという目的もある。これは焼酎の原料に使われる米にも適用されている。

種類・銘柄

コラボ焼酎【こらぼしょうちゅう】

映画や歌手、アニメなどとコラボして作られた焼酎。ラベルに映画のタイトルが載っていたり、歌手や俳優の顔が印刷されたり、マンガやアニメのキャラクターが描かれたりしている。中味は既存商品のラベル違いだったり、特別に作られたりしたものであったりとさまざま。マニアなら一家に一本は置いておきたい?

製造

コルニッシュ型ボイラー

【こるにっしゅがたぼいらー】

今ではほとんど残っていないひと昔前のボイラー。レンガ作りのレトロなボイラーで、やわらかな蒸気によって原料を蒸したり、蒸留を行うことができる。

種類・銘柄

混成酒【こんせいしゅ】

醸造酒や蒸留酒に果実や薬草、ハーブ、香辛料、甘味料などを加えたもの。日本の分類上、この混成酒の中にリキュールや甘味果実酒などが含まれる。みりんも混成酒の一種である。そのほか、醸造酒(ワイン)を主体に作られたシェリー酒やベルモットなどは甘味果実酒、蒸留酒に果実や果皮を加えた梅酒やキュラソーなどはリキュールに分類される。

成分

混濁【こんだく】

蒸留したての焼酎や泡盛はうすく白くにごっている。これは焼酎の中に含まれる微量な油成分で、香りや旨味を形成する上で重要なもの。数週間たつとこの成分が溶け込んで透明になっていく。このにごりがある時期の味わいを「荒々しい」と表現する人もいるが、香りも味わいもかなり豊かで、濃厚な味わいが好きな方にはたまらないはず。

人物

西郷隆盛【さいごうたかもり】

鹿児島を代表する偉人。薩摩藩の下級藩士の家に生まれ、藩主の島津斉彬に気に入られて側近となるが、斉彬の死により奄美大島や沖永良部島に流されてしまう。その後復帰し、王政復古や明治維新に功績を残した。維新後も各地で士族の反乱が起こる中、西南戦争では指導者となり、最後は政府軍に追い詰められ鹿児島の城山で自害した。

雑 学

最南の蔵【さいなんのくら】

日本最南にある蔵は沖縄の西表島の南・波照間島にある波照間酒造所。ここでは「泡波」という泡盛が造られている。ミネラルを多く含んだ厚みのある味わいの泡盛である。ちなみに本土の最南端蔵は鹿児島の田村（合）、奄美諸島の最南端蔵は与論島の有村酒造である。

雑 学

最北の蔵【さいほくのくら】

日本最北の地で造られる焼酎は、国稀酒造（北海道増毛町）の粕取焼酎「初代泰蔵」。この粕取焼酎は半世紀ぶりに復活された焼酎で、その昔は「日の出」という銘柄で地元はもとより宗谷～樺太地方にまで流通していたそう。ちなみに僅差で最北2位に位置する蔵は清里焼酎醸造所。この醸造所で造られているのはじゃがいも焼酎「北海道 清里」。あっさりしたやさしい味わいだ。

社会・民俗

酒蔵【さかぐら】

「蔵元」に同じ　→「蔵元」(p.72)

地 理

佐賀県【さがけん】

九州の中でも清酒製造の盛んな県で、地元の人の日本酒の愛飲率も非常に高く、全国的に知られる蔵が多い。対照的に、九州の中では焼酎に力を入れて取り組む蔵元が非常に少ない県でもある。佐賀県で飲まれる焼酎は県外産の芋焼酎や麦焼酎が多い。

社会・民俗

酒屋【さかや】

「酒販店」と意味合いは同じだが、「酒屋」というと昔ながらの個人商店といったニュアンスがある。1990年代に酒のディスカウントが全盛になってから街の酒屋は方向転換を迫られ、コンビニ化や専門店化をはかったりしたが、廃業したところも多かった。2017年から政府が街の小規模な酒屋を守るために酒の過度な安売りの規制を強化したが、効果はなかったに等しい。30年遅かった。

地 理

桜島【さくらじま】

鹿児島のシンボルといっても過言ではない島で、鹿児島市内の高台からの桜島の眺めは圧巻。元は島だったが、1914年（大正3年）の噴火により大隅半島と陸続きとなった。今でも火山活動が続いているので噴煙が年中上あがっている。街中のいたるところにはひと昔前に火山灰がよく降っていた頃のなごりで、火山灰の集積所や灰よけの屋根が付いたお墓がある。

焼酎蔵を訪ねて
～与論島訪問記～

焼酎好きなら、焼酎蔵訪問は心躍るもの。
今回訪れたのは、奄美諸島の最南端・与論島にあり、
島に根付く黒糖焼酎「島有泉」を造っている有村酒造。
蔵見学と島の風土を満喫してきました！

※焼酎蔵は中小規模のところが多いため一般の見学を行っていないところもありますが、事前の了承が得られれば見学をさせてもらえるところもあります。

協力／有村酒造

今回お世話になった有村晃治さん

焼酎と島旅

与論島は人口5200人ほどの小さな島。沖縄本島の北端がすぐ近くに見え、ああ、ここが鹿児島と沖縄の境なんだなあと妙に感激。島をぐるりと囲む青い海と白い珊瑚礁が実にきれいで、本当に心が癒されます。
この島で造られる黒糖焼酎「島有泉」は、そのほとんどが島内で消費されています。流通がグローバルになっても島民に愛されている「島有泉」はどんな蔵で造られているんでしょう？ すごく興味がわきますよね。

焼酎蔵見学へ

発酵中

案内してくれたのは有村酒造の有村晃治さん。この蔵は有村さん兄弟と数人の蔵人で焼酎造りが行われています。蔵の入り口から入って少し歩けば、すぐ出口…。小さな島の蔵はやっぱり小さい!?
奥には麹を造るドラム式製麹機と小さな蒸留器がありました。原料の黒糖は沖縄産のものを使っているそう。そして空調のきいた小部屋に通されると、そこには昔ながらの和甕がズラリ！ この蔵では一次

和甕がズラリ

蒸留器

〜二次仕込みとも甕で仕込んでいるのです。九州で甕仕込みをする蔵はだいぶ少なくなってしまいました。これは貴重な光景です。蔵の焼酎は直接ここで購入することもできます。白麹仕込みの「島有泉」、黒麹仕込みの「黒島有泉」、そして原酒も。通常品は緑瓶や茶瓶ですが、お土産用の青の透明瓶は、やはりこの島の青い海の景色に似合いますね！もちろんこの「島有泉」は島内の売店でも買えますし、どこの居酒屋にも置いてあります。

本場の「与論献奉」にチャレンジ！

焼酎を注いで
口上を述べます

飲み干します

お盆にこぼれた分も
残さず入れましょう

飲み干したら
次の人へ回します

地酒って、やっぱり造っている土地で、その土地の料理と一緒に飲むのが一番美味しいんですよね！というわけで、夜は蔵の皆様と地元の居酒屋へ。与論島ならではの酒宴の風習「与論献奉（よろんけんぽう）」に挑戦です！憲法でも拳法でもなく「献奉」。どういうものかというと、客人をもてなすため、焼酎を回し飲みする独自の風習です。まず、宴席の主催者などが大きな盃に焼酎を注ぎ、自己紹介や歓迎、感謝の気持ちを述べて飲み干し、「トウトガナシ（ありがとう）」という言葉で締めくくります。その後、同席者が順番に適当な口上を述べて飲み回すというもの。盃が一周してもさらに続く場合もよくあります。ただしこの飲み方だとすぐ酔いが回るので、「島有泉」はアルコール20度が主流なのだそう。お酒が弱い人には水や氷を足してくれるので、怖がらずにぜひ島の文化を楽しんでみてください。

海の幸との
相性も最高！

造られた島で飲む
焼酎は格別です!!

種類・銘柄

酒粕焼酎【さけかすしょうちゅう】

「粕取焼酎」に同じ　→「粕取焼酎」(p.57)

料理・飲み物

酒の肴【さけのさかな】

酒とともに食べる料理のこと。ツマミやアテとほぼ同義。室町時代に酒席に供されたおかずを「酒菜」とよんだことが語源とされ、それが肴になったといわれている。

雑　学

酒は生き物【さけはいきもの】

焼酎は瓶の中でも生き物のようにちゃんと生きているって知ってました？ たとえ加熱されて蒸留されたとしても、その成分は瓶の中で生き続け、辛味をまろやかにしたり甘味をふくらませたりもします。焼酎は不思議な酒です。

製　造

雑菌【ざっきん】

アルコール発酵を邪魔する悪玉菌。日本酒や焼酎では雑菌を防ぎながら酵母菌を安全に増殖させるために、もろみを一度に仕込まず2～3段階に分けて仕込む。もろみの中で雑菌を駆逐するのは日本酒では乳酸、焼酎ではクエン酸となる。なお、雑菌に侵されたもろみを蒸留すると酸味や渋味の強い味になり、これが昔の焼酎のくさみの原因のひとつでもあった。

種類・銘柄

雑穀焼酎【ざっこくしょうちゅう】

アワやキビ、トウモロコシなど、米や麦以外の穀類や雑穀を使った焼酎。現在も日本各地のいくつかの蔵でこれらの雑穀を使った焼酎が造られている。

料理・飲み物

さつま揚げ【さつまあげ】

「つけ揚げ」に同じ　→「つけ揚げ」(p.132)

原　料

サツマイモ【さつまいも】

1600年代終わりに琉球から種子島に初めて伝えられた。その後、1700年代初頭に南薩摩にある指宿郡山川郷の漁民・前田利右衛門が琉球から甘藷（サツマイモ）を持ち帰り、救荒作物として急速に普及していった。現在、最大の産地である鹿児島県では青果用のほか、デンプン原料用や焼酎原料用として栽培されている。鹿児島を含む九州南部は、水はけのよい火山灰を含んだ土壌が広がっており、またサツマイモは台風などの風害にも強いため、栽培に適しているといわれる。

原　料

サツマイモの品種【さつまいものひんしゅ】

2018年（平成30年）に栽培されたサツマイモの品種は約60種、このうち焼酎の原料として栽培されている品種は30種以上といわれている。白芋のコガネセンガンが芋焼酎原料のトップで、今もその位置は変わらないが、近年は赤芋、紫芋、オレンジ芋といった白芋系以外の品種も注目されるようになっている。

容　器

薩摩切子【さつまきりこ】

異なる色合いを持つ層の厚いガラスを高度な技術でガラス部分に模様を掘っていく薩摩伝統工芸品。数万円から数百万円の値がつく細工ガラス。

写真提供／(株)島津興業　薩摩ガラス工芸

飲み方・楽しみ方

薩摩拳【さつまけん】

「ナンコ」に同じ→「ナンコ」（p.138）

雑 学

薩摩剣士隼人【さつまけんしはやと】

鹿児島では知らない人はいないほど大人気のご当地ヒーロー。隼人が観光地や名産品、名店をさりげなく紹介しながら、敵ヤッセンボーと戦うストーリー。ほかの九州各地や沖縄でもご当地ヒーローが活躍しており、日々何かと戦っている。

鹿児島県民ヒーロー HAYATO 薩摩剣士隼人

©一般社団法人チェスト連合／薩摩剣士隼人プロジェクト

資格・制度

薩摩焼酎マーク【さつましょうちゅうまーく】

鹿児島の酒器・黒ぢょかがデザインされたこのマークは「この焼酎はれっきとした鹿児島県産ですよ」という証明で、この産地表示をするには「米麹または鹿児島県産のサツマイモを使用した芋麹、ならびにサツマイモや水（すべて鹿児島産）を原料として発酵させたもろみを、鹿児島県内（奄美市及び大島郡を除く）において単式蒸留器で蒸留し、かつ容器詰めしたもの」でなければならないという規定がある。鹿児島の芋焼酎は2005年に地理的表示の指定を受け、この「黒ぢょかマーク」は2007年に鹿児島県酒造組合によって認定されている。

種類・銘柄

さつま白波【さつましらなみ】

鹿児島を代表する芋焼酎で、南薩摩地方・枕崎の薩摩酒造で造られている。本格焼酎がまだ日本の片隅の酒だった1970年代後半、「白波はロクヨンのお湯割りで」というCMとともに全国に普及していった。以来「芋焼酎といえば白波」という代名詞的な存在として広く知られることになったが、当時の芋焼酎はまだ個性が強烈だったため「白波ってあのくさいやつでしょ」と昔の芋焼酎のイメージで語られることも多い。

写真提供／薩摩酒造（株）

種類・銘柄

さつま白雪【さつましらゆき】

鹿児島県指宿市に古くからの街並にたたずむ吉永酒造。この蔵の造る「さつま白雪」という銘柄は第三次焼酎ブームの折、商標登録問題により残念ながらこの世から廃名となった。さつま白雪の歴史には幕が下りたが、現在では息子さんが後継「利八」という名の焼酎を製造している。

写真提供／吉永酒造（有）

容器

薩摩焼【さつまやき】

白磁器で焼かれた色鮮やかな色絵陶器で、薩摩では「白もん」と大衆向けに焼かれた「黒もん」がある。白磁器で焼かれた方がかなりお高く、価値も高い。

料理・飲み物

薩摩料理【さつまりょうり】

さつま黒豚やさつま地鶏、きびなごなども有名な薩摩料理のひとつだが、じつは現地で最もポピュラーな薩摩料理は「がね」（p.58）。

成分

雑味成分【ざつみせいぶん】

ある味が全体の味わいと調和せず突出し、それが不快と感じられる場合に雑味とよばれる。焼酎の雑味成分の要因としては、原料由来、麹や発酵の管理、焼酎油やフーゼル油の酸化、直射日光による変質、貯蔵容器の問題などがある。雑味の感じ方は人それぞれだが、国税庁の鑑定官や製造者にとって「よくない」味わいであっても、消費者の感覚では全然OKであったりすることは多い。

種類・銘柄

里芋焼酎【さといもしょうちゅう】

里芋の産地にある一部の蔵元では里芋焼酎が造られている。減圧蒸留で造られるものが多く、一般的なサツマイモ製の焼酎よりもあっさりした風味である。

原料

サトウキビ【さとうきび】

奄美諸島や沖縄の特産品で、砂糖や黒糖焼酎の原料。栽培には機械化も進んではいるが、収穫の際は人海戦術でもって刈り取るところもまだまだ多い。刈り取ったあと、積載オーバーギリギリなほどトラックに積まれ加工所に運ばれる光景は季節の風物詩でもある。サトウキビの栽培は病害虫の影響もあり、無農薬で栽培することはまだまだ難しいのが現状。

種類・銘柄

早苗響焼酎【さなぶりしょうちゅう】

さのぼり、さなぼりともいう。早苗響とは田植えを無事に終えたことを神様に感謝することをいい、昔は田植えが終わると祭りが行われていた。その祭りの際に粕取焼酎が振るまわれていたのが早苗響焼酎のゆえんである。

人　物

鮫島吉廣【さめしまよしひろ】

1947年、鹿児島県生まれ。ニッカウヰスキーや薩摩酒造の常務取締役研究所長兼製造部長を経て、2006年に鹿児島大学農学部に新設された焼酎学講座の教授に就任。焼酎を製造技術面の指導だけでなく、コラムや随筆、専門誌への寄稿など、文化面から幅広く発信する活動も行っており、今の日本を代表する焼酎の第一人者といっていいだろう。

表　現

ざる【ざる】

酒飲みの人を指して「この人はざるのように酒を飲む」ということがある。本来の笊（ざる）は竹や針金などを網目に編んで作った器で、調理の際に水切りとして使う。それと同じように、酒をいくら飲ませても笊を水が素通りするように吸い込まれてゆく状態。あるいは酒を大量に飲んでも酔わない、酒に強い人のことを表す言葉。

飲み方・楽しみ方

サワー【さわー】

語源は英語のsour（酸味、すっぱい）からきており、もともとは長い時間をかけて飲めるロングドリンクスタイルのカクテルの一種である。焼酎やウォッカといった蒸留酒にレモンやグレープフルーツなどの柑橘系の果汁と炭酸水を加えたカクテルをサワーという。チューハイはベースに焼酎（ウォッカなどのスピリッツは含まれない）を使うのがサワーと異なる点。ただ、今ではサワーもチューハイもほぼ同じ意味として使われている。

表　現

さわやか【さわやか】

飲んだ後口がすっきりと飲みやすかったり心地よい酸味のあるものを「さわやか」と表現できるだろう。減圧蒸留で造られた焼酎や柑橘系の酵母を用いた焼酎などは、後味がさわやかに感じるものが多い。また、本格焼酎をさわやかに飲むには前割りしたものを冷やして飲んだり、炭酸水や果汁などを加えたりなど、四季やライフスタイルに応じて楽しむといいでしょう。

製　造

三角棚

【さんかくだな】

製麹用の装置で、三角の屋根があり、中に麹が広げられる台（麹床）が設けられている。回転式ドラムで米を蒸して種麹をつけた後、この三角棚に麹を移して麹造りの仕上げを行う。三角棚内には送風装置があって温度管理ができるようになっている。この三角棚は中小規模の蔵で現在でも使われていることがあり、中規模の蔵になると三角棚を何台もそろえているところもある。

写真提供／大石酒造（株）

容器

三合瓶【さんごうびん】

360 ml入りの二合瓶とともに、主に沖縄で普及している600 ml瓶のことをいう。三合は540mlなので「三合」瓶というのは正確ではないが、沖縄では一般的にそうよばれている。瓶形やサイズはその昔、ビールの大瓶を参考に作られたようだ。沖縄の居酒屋でのボトルキープには四合瓶（720 ml）が使われ、三合瓶は主に家飲み用やお供え用に使われる。ただ、石垣島の居酒屋では三合瓶もキープボトルとして使われているようだ。

製造

35度【さんじゅうごど】

甲類焼酎、乙類焼酎ともに一般的なアルコール度数は25度だが、甲類焼酎での35度というと、梅酒作りに使われるホワイトリカーが普及している。乙類焼酎の場合、麦や米焼酎の原酒は43～44度、芋焼酎の原酒は37度くらいのものが多いため、35度で商品化するということは原酒に近いアルコール度数といってよいだろう。アルコール25度のものと比べると、度数が高い分口あたりは強いが、素材本来の風味が口の中で強く豊かに広がる。

飲み方・楽しみ方

シークワーサー割り【しーくわーさーわり】

柑橘類の中でも酸味と風味が特徴的で、沖縄を代表する果物のひとつ、シークワーサー。飲みやすいタイプの泡盛（減圧蒸留されたものなど）を炭酸で割り、シークワーサーをキュッと絞ると常夏気分満開でさわやかに楽しめます。

製造

シー汁【しーじる】

米を水に浸けて酸味の出た水のこと。昔の泡盛の製法のひとつで、米を洗わずに水に15～24時間浸漬すると乳酸菌などが繁殖して独特のくさみが出てくる。これがシー汁である。その後、米を引き上げてきれいな水で洗って蒸し、麹にして泡盛造りに使用した。米を引き上げたあとのシー汁は次回の浸漬に使用する。この手法は硬質のインディカ米を蒸しやすくできるという利点があった。沖縄にドラム式自動製麹機が導入され始めてからはこのシー汁製法は姿を消していったが、一部の蔵元でこのシー汁製法を復活させた蔵がある。

種類・銘柄

椎茸焼酎【しいたけしょうちゅう】

シイタケは旨み成分も豊富で出汁をとるのにもよく使われるが、変わり種焼酎の原料としても使われている。といってもシイタケは風味づけといった役割で、発酵には米や米麹などを用いる。現在では福島県や鳥取県などの一部の蔵で製造されている。

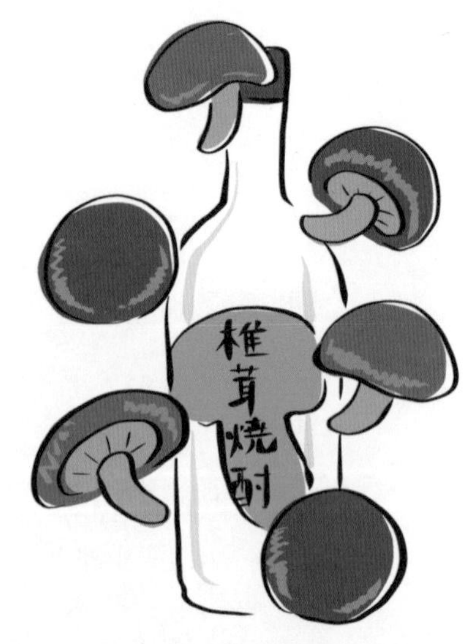

飲み方・楽しみ方

試飲【しいん】

読んで字の如く「試し飲み」。デパ地下や酒販店、イベント会場などで有料無料の試飲会が催されていますが、そういった機会にぜひ未知のお酒を味わってみましょう。試飲の際は提供する人や周りの人に迷惑をかけないように。そしてこれが一番大事なことですが、気に入った銘柄があればぜひ買って帰りましょう。

飲み方・楽しみ方

試飲会【しいんかい】

業者向けのお酒の試飲会や、一般消費者を対象としたお酒の試飲即売会やイベントが全国各地で開催されています。「モノ」より「コト」指向の方が増えたためか、一般向けの試飲イベントはどこも盛況。イベントによっては蔵元の方と直接話せるのも魅力です。興味のある方は専用サイトやSNS等で開催にあたっての詳細を調べてみては。

製造

直火蒸留【じかびじょうりゅう】

釜の下に直接ボイラーを敷いて加熱するタイプの地釜蒸留器で行う蒸留法。現在では地釜蒸留器を残している蔵は少なく、今となっては貴重な蒸留法である。

製造

地釜蒸留器【じがまじょうりゅうき】

現在の蒸留器の前世代型の単式蒸留器。見かけはドラム缶に煙突のようなワタリを立てただけの簡単な構造。今でも沖縄の八重山諸島の泡盛蔵のいくつかで残っており、今となっては貴重な蒸留器。

飲み方・楽しみ方

直燗【じきかん】

焼酎を水や湯で割らずに、ストレートのまま酒器で燗をする方法。直燗のメリットは割らずにそのまま温めるため、芋や麦、米、サトウキビなどの穀類の甘味や、蔵元独自の個性が口の中で広がること。ただ、本格焼酎の場合はアルコール度数が20～44%あるので、直燗で温めて飲むとアルコールの刺激が増し、酔いのスピードを増幅させてしまいます。筆者（金本）は、焼酎の原料がどの地域で収穫されたのかや、麹米が国産米の場合の甘味成分の確認、酒米を用いた場合の甘味の変化のタイミングなどを解析をする際にこの直燗という手法を使っています。

表現

刺激臭【しげきしゅう】

一般的には蒸留直後に感じられる若く荒いガス臭のことをいうが、広義には原料の不良や末垂臭などに由来する不快な香りも含まれる。

容器

四合瓶【しごうびん】

720ml瓶。九州では中容量の瓶は900mlが主流だが、本州以北では720 mlが主流のため、焼酎蔵では地元向けのレギュラー酒以外の商品などにこの四合瓶を使うことが多い。

製造

仕込み容器【しこみようき】

もろみの仕込み容器は基本的にはホーローやステンレス製のタンクが使われる。小規模の蔵では甕が使われることもあるが、甕は容量が小さいため一次仕込みだけ甕を使い、二次仕込みはタンクで行う蔵が多い。

料理・飲み物

地酒【じしゅ】

鹿児島県で伝統的に造られる料理酒。この場合は「じざけ」ではなく「じしゅ」と読む。製法は日本酒の造り方と似ているが、酒を搾る前のもろみに木灰を加えるのが特徴で、灰持酒（あくもちざけ）ともよばれる。酸味のあるもろみに木灰を加えることで酒を中和。できた酒は微アルカリ性となって赤い色に変化する。昔は火入れ殺菌という製法がなかったため、温暖な九州では特にもろみを腐らせることが多かった。これを防ぐために木灰を加えたという経緯がある。味わいはみりんのように甘くコクがあり、昔は普通に酒として飲まれていたが、現在は主に料理酒として使われている。熊本県の赤酒も似たような製法で造られる。

種類・銘柄

シソ焼酎【しそしょうちゅう】

シソ焼酎といえば北海道の鍛高譚（たんたかたん）が有名。 シソのさわやかな香りと飲みやすい味が人気だが、正確にいうと鍛高譚は甲乙混和焼酎。このほかにもいくつかのメーカーで乙類に分類されるシソ焼酎が造られている。いわゆる変わり種焼酎の中では一番日本人の好みに合った味わいではないだろうか。

製造

自宅で蒸留【じたくでじょうりゅう】

自宅で鍋などを改造して蒸留器を作ることはできるが、酒税法上、個人がアルコール1％以上の酒を造るのは禁止されている。香水などを作るのであれば問題ない。

製造

下処理【したしょり】

焼酎における「下処理」は芋焼酎の仕込みの時に行われる。サツマイモの大きさをそろえたり、場合によっては傷みのある箇所やヘタなどを取り除いたりする。旨味成分を残すためにヘタは取らない方針の蔵もある。

写真提供／大海酒造（株）

製造

仕次ぎ【しつぎ】

泡盛の古酒（クース）や長期貯蔵焼酎の熟成法。タンクや甕などに入った一番古い貯蔵酒を取り出したあと、取り出した分だけ二番目に古い酒を注ぎ足し、二番目の容器には三番目に古い酒を注ぎ足し、順次同じ手順で貯蔵酒を補充していくという方法。

製造

自動製麹機【じどうせいきくき】

麹を自動的に製造する機械。昔の製麹は麹室で麹蓋を使っての完全人力によるもので、労力と経験を要したため、1960年頃より省力化・機械化が進められた。今ではコンピューターによって麹菌の性格や気候に適した設定が可能である。さまざまな形式のものがあるが、焼酎でよく用いられているのは回転ドラム式と円盤型。回転ドラム式は中小規模の蔵元で多く使われており、浸漬・蒸煮・製麹・出麹までを一貫作業にて行うことができる。

社会・民俗

老舗【しにせ】

家業の商売で代々何十年と続き、地元の評価も高い店。どちらかというと菓子や食品などの製造兼販売店や飲食店などにこの言葉を使うことが多い。代々受け継いだ味をかたくなに守り、あるいは進化させ、今でも大衆の心を惹きつけている姿はとてもすばらしい。焼酎蔵もたいていは明治以来続いていて地元で愛される蔵も多いのだが、老舗とあまりよばれないのはなぜだろう？

種類・銘柄

島酒【しまざけ】

東京の伊豆諸島で造られる焼酎を島酒という。伊豆諸島の人たちは地元の酒を島酒とよぶが、九州や沖縄などの離島の人たちは地元の酒を島酒とはあまりいわない。伊豆諸島の島酒文化は本土のものとは異なる場合も多く、昔ながらの素朴な伝統を今に残している。

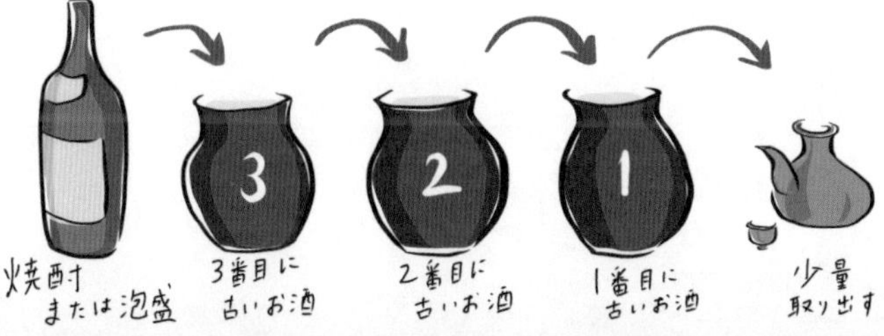

料理・飲み物

島寿司【しまずし】

伊豆諸島や小笠原諸島、沖縄の大東島にある握り寿司のこと。大東島の島寿司は「大東寿司」ともよばれる。醤油ダレに漬けた「づけ」と甘みのある酢飯で握るのが特徴。また食べる時は伊豆諸島や小笠原諸島ではワサビではなく、練りカラシで食べるのもこの地域ならでは。この甘みのある寿司とカラシ、そして島酒（伊豆諸島の焼酎）との相性はバツグンです。

飲み方・楽しみ方

地元飲み【じもとのみ】

その字のごとく地元で飲むこと。だがこれは深い意味を含んでいる。地元の同級生、先輩後輩、仕事の同僚、趣味仲間同志の飲み会は全国どこにでも見られる光景だが、焼酎泡盛圏では仲間内での飲み方やルールみたいなものが暗黙としてある場合が多い。たとえば先輩後輩、会社の飲み会などでは一番年下の人が先輩や上司の好みの割り方を覚えておいて焼酎を作る、といったことなどである。与論島の与論献奉や宮古島のオトーリといった風習もそんな地元飲みを象徴する飲酒スタイルだろう。

種類・銘柄

じゃがいも焼酎【じゃがいもしょうちゅう】

ジャガイモの大産地・北海道のほか、長崎などでじゃがいも焼酎が造られている。サツマイモにはないほのかで上品な味わいが特徴で、ぬるめのお湯割りで飲むとうまい。

製造

蛇管【じゃかん】

蛇管とは蒸留器で発生した蒸気（アルコール）を冷やして液体にするために設置された冷却器の中にある部品。熱効率を高めるために蛇のとぐろのようにグルグルとうねった形状をしている。蛇管の中を通る蒸気は最初は高温だったものが、最後には低温となり液体となる。

原料

ジャポニカ米【じゃぽにかまい】

日本で栽培されており、よく食べられている米がこのジャポニカ米という種類。世界で生産されている米の約2割弱がジャポニカ種で、温暖で雨が適度に降る地域が栽培に向いており、日本のほか朝鮮半島、中国東北部、アメリカ西海岸などで栽培されている。丸みを帯びた楕円形で、水分を多く含み熱を加えると粘りとツヤが出るため、炊いたり蒸したりして食べるのが一般的。

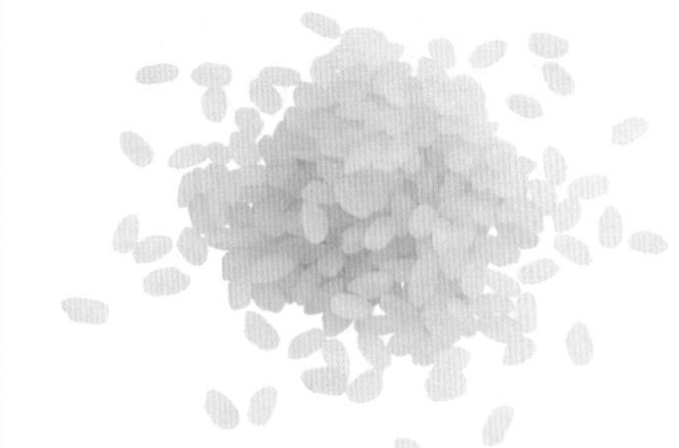

雑学

終電【しゅうでん】

自宅まで帰るための電車の最終時刻。お酒を飲まれる方は終電を逃したこと、一度は経験したことがあるのではないでしょうか。昨今は始発までの時間を費やすことのできる施設や飲食店がありますが、もしタクシーを利用して都心から埼玉や神奈川など近隣県へ帰る場合、余裕で1～2万円かかってしまいます。つまり終電を逃すと数回分の飲み代にも匹敵するお金がかかってしまうことにもなるため、呑兵衛のみなさんはそうならないためにも時間を上手に使って飲みましょう。

製造

18度【じゅうはちど】

芋焼酎など本格焼酎のアルコール度数は一般的に25度だが、20度以下の焼酎は25度に比べると一段とスッキリ飲みやすくなる。最近だと夏限定焼酎や、あらかじめ水で割られた「前割り焼酎」でアルコール度数18度という銘柄も発売されているので、焼酎に力を入れている酒屋さんをのぞいて探してみてください。

表現

酒客【しゅかく】

シュカクと読みます。酒好きや酒飲みの人のこと。筆者(金本)のように酒場を営む者的には、酒客(シュカク)のみなさんを酒客(シュキャク)としてもてなします。

容器

酒器【しゅき】

酒を注ぐ時に使う道具で、広くは温める道具も酒器として扱っていいだろう。焼酎を温めたり注ぐための酒器は、一般的には徳利やチロリ、鹿児島では千代香(ちょか)、熊本のガラ、沖縄のカラカラなどが代表。焼酎を飲むための酒器としては猪口やぐい呑み、グラスが一般的だが、おもしろいところだと南九州地方のそらきゅう(小さい盃に穴が空いている)がある。

製 造

熟成【じゅくせい】

貯蔵によって酒質に変化があること。変化の仕方には2種類あり、ひとつは香味成分の変化。長期間の貯蔵により酒中の成分が変化（酸化）し刺激臭がやわらいだり、味わいに甘みをともなったりする。もうひとつはアルコールと水の親和により、口あたりへの刺激が少なくなりまるみを帯びるという変化がある。

表 現

熟成香【じゅくせこう】

年月がたつにつれて刺激臭がやわらいだり、まろやかな芳香が増すなどの変化をした香りのこと。焼酎の場合の熟成香は、ホーローやステンレス製の容器で熟成させた場合、原料の香りやアルコール香がおだやかになり、原料によっては甘いバニラ香が出てくることもある。また、陶器製の甕や壺の場合は、上記の変化のほか、独特の陶器臭や土様の香りを帯びる場合がある。樽で貯蔵させた場合は華やかな樽の香りがつく。

表 現

酒豪【しゅごう】

大酒を飲んでも酔態をさらさない、酒に強い人を表す言葉。同様に大酒飲みのことを笊（ざる）とか蛇の丸呑みになぞらえて蟒蛇（うわばみ）ともいう。

資格・制度

酒税法【しゅぜいほう】

酒税法には酒の原料や種類に関する決め事や税金に関する細かいことが書かれている。乙類焼酎はアルコール度数が45%以下、甲類焼酎はアルコール度数が36%以下といった規定などなど。ちなみに酒税はアルコール度数1%から課税の対象になる。

表 現

酒仙【しゅせん】

酒の仙人こと「酒仙」。仙人のように世の中の事にとらわれず常に酒を好み楽しむ人や大酒飲みのことを表す。昔の中国の「飲中八仙歌」において、李白は一斗の酒を飲む間に百編の詩を作り出すといい、自らを「酒仙」と名乗ったとうたわれている。現代の中国において酒飲みは「酒徒→酒鬼→酒豪→酒仙→酒聖」の5段階のランクがあるようだ。

製造

出荷【しゅっか】

取引先や消費者のもとに商品を届ける作業。近隣であれば蔵の従業員がトラックなどで配達する。遠方の出荷先は運送会社を使うが、九州から首都圏に届ける場合は出荷日を含め3日以上はかかるので、余裕をもってご注文を。

社会・民俗

酒販店【しゅはんてん】

酒を販売する小売り店。昔ながらの個人商店はもとより、今ではスーパーやコンビニ、ホームセンター、ドラッグストアなどでも酒を販売しており、これらも広義の酒販店といえる。以前は酒類小売業免許を取得するには規制がかけられていたので、どこでも酒が販売できるわけではなかったが、2001年以降の規制緩和によって免許はだいぶ取りやすくなった。それで酒類の売上が増えたかというと店頭在庫が増えただけで、実質はそうでもない。

種類・銘柄

樹氷【じゅひょう】

サントリーが満を持して1978年に発売したのが「樹氷」。1980年代、サントリーはCMに国内・海外の著名なタレントを起用し、そのことがサントリー樹氷の追い風となった。当時の人気は、樹氷の文字がスナックの棚を席巻していたことでもわかる。サントリーはその次に「タコなのよ、タコ。タコが言うのよ」というCMが話題をよんだ缶チューハイ「タコハイ」を発売して大ブレイク。多くの小学生の間でも真似されるほどのインパクトがあり、昭和の良き時代に彩りを添えた。

写真提供／サントリーホールディングス（株）

社会・民俗

首里三箇【しゅりさんか】

琉球時代の首都・首里の直下にあった赤田、崎山、鳥小堀（現在は鳥堀）の3つの地区のこと。その時代の泡盛は琉球王府の管理下におかれ、泡盛製造は首里城下の三箇村の製造所に限られていた。そのため昔の泡盛蔵はこの地区に集中し、昭和4年の調査では県下117戸の業者のうち76戸がここにあったという。現在首里三箇に残るのは3蔵のみとなる。

種類・銘柄

純【じゅん】

宝酒造が1977年に発売した甲類焼酎。海外の大物アーティストをCMに起用するなど、他メーカーの甲類焼酎と同じく大きなインパクトを残した。当時の甲類焼酎の広告戦略は今では考えられないが、時代の世相をとても的確に反映している。

写真提供／宝ホールディングス（株）

製造

純アルコール量【じゅんあるこーるりょう】

さまざまな種類の酒に含まれるアルコールの量。摂取量の基準となる酒の「1単位」とは純アルコールに換算すると20 gとなるが、この1単位をそれぞれのアルコール飲料に換算すると、ビールは中びん1本（500 ml）、日本酒は1合（180 ml）、ウイスキーはダブル1杯（60 ml）、焼酎は0.6合（110ml）が目安となる。

原料

ジョイホワイト【じょいほわいと】

焼酎用として開発されたサツマイモの品種。コガネセンガンよりもデンプン価が高く、焼酎にすると淡白な酒質になる傾向がある。開発当初は期待されていた品種だが、蒸しても硬いため仕込みに使いづらいのと、甘味や旨味が出にくいため、現在では使用する蔵元は少ない。

製造

常圧蒸留【じょうあつじょうりゅう】

単式蒸留器で行われる伝統的な蒸留方法。通常の気圧のもとでもろみを高い温度で蒸留して沸騰させるため、蒸留された酒は原料の風味がそのまま移ることになる。芋焼酎や泡盛はこの蒸留方法が多い。これと対照的な蒸留法に減圧蒸留がある。

表現

上戸【じょうご】

酒飲みのこと。反対に酒が飲めない、または弱い人のことは下戸(げこ)という。この上戸や下戸といった言葉は平安時代の頃からあったといわれている。また、上戸という言葉は酒を飲んだときに現れる性格やクセを表す言葉としても使われ、怒り上戸、泣き上戸、笑い上戸、飲み始めると際限なく飲んでしまう「後引き上戸」といった言葉もあります。

容器

漏斗【じょうご】

「漏斗(ろうと)」に同じ　→「漏斗」(p.175)

雑学

上戸は毒を知らず、下戸は薬を知らず

【じょうごはどくをしらず、げこはくすりをしらず】

酒好きは酒が身体に害をもたらすことを知らずに飲みすぎ、酒嫌いは酒の効能や効果を知らない。つまり酒という飲み物は、うまく付き合えば身体に害をもたらすことにもなりうるし、薬としての効能にもなるという、古いことわざ。

種類・銘柄

醸造酒【じょうぞうしゅ】

穀物や果実、糖類等を原料に、糖分あるいはデンプンを糖化したものをアルコール発酵させた飲み物。代表的な醸造酒にビール、ワイン、清酒、老酒(紹興酒)などがある。発酵で得られるアルコール度数にはある程度の限界があり、ビールで5～10%、ワインで12～14%、清酒は醸造酒の中で一番高く18%くらいである。この醸造酒を蒸留してアルコール分だけを抽出すると蒸留酒となる。ざっぱな言い方をすれば、清酒を蒸留すれば米焼酎になり、ビールを蒸留して樽貯蔵すればウイスキー、ワインを蒸留して樽貯蔵すればブランデーとなる。

原料

醸造用アルコール【じょうぞうようあるこーる】

日本酒（アル添酒）やみりん、リキュールなどに添加されるアルコール。「原料用アルコール」（p.74）と同義。

種類・銘柄

焼酎【しょうちゅう】

日本の蒸留酒、あるいは韓国の蒸留酒を一般に焼酎とよんでいる。日本には伝統的な単式蒸留器を用いた乙類焼酎（本格焼酎）と、近代的な連続式蒸留器を用いた甲類焼酎がある。原料は穀類などのデンプン質原料や、黒糖や糖蜜などの糖質原料で、これらの原料をアルコール発酵させたものを蒸留することによって造られる。同じ蒸留酒の仲間にはジンやウォッカ、ラム、ウイスキー、ブランデーなどがあるが、これらは原料や製法が違うため、焼酎とは分類されない。

成分

焼酎油【しょうちゅうあぶら】

フーゼル油とともに焼酎の香味を形成する上で重要な成分。フーゼル油はアミノ酸由来で、焼酎油は脂肪酸由来という違いがある。蒸留直後の焼酎が白くにごっているのはこの焼酎油によるもの。寒くなると焼酎の中でふわふわとしたワタ状になってゴミのように浮かぶことがあり、それがクレームのもとになったりもしている。また、日光や酸化によって油臭の原因にもなるため、ろ過である程度取り除く蔵が多い。静置しておくと焼酎の表面に浮いてくるため、焼酎を飲む際は瓶を振ってから飲んだ方がよい。

写真提供/大海酒造（株）

場所

焼酎居酒屋【しょうちゅういざかや】

本格焼酎をメインに提供している居酒屋。たとえひと銘柄しか店になくても、あらゆる酒の中で一番前面に推していれば焼酎居酒屋といっていいかも。2000年代初頭から始まった第三次焼酎ブームの時は本格焼酎を数十〜百銘柄以上もそろえる料飲店が乱立。業態としてはバーのほか、九州・沖縄料理や焼き物系の和風居酒屋などが多かった。しかし、焼酎ブームの収束とともににわかで始めた焼酎居酒屋は急速に減少。現在は焼酎をそろえながらも、同じ和酒ということで日本酒にも力を入れる店が多い。

表現

焼酎オタク【しょうちゅうおたく】

焼酎オタクは大まかに「コレクタータイプ」「知識ごり押しタイプ」「ラブ蔵元タイプ」の3つに分かれます。コレクタータイプは焼酎の収集を主にし、知識ごり押しタイプは、焼酎に関わるワードの情報をウンチクという形に変換するタイプです。ラブ蔵元タイプは蔵元と話すのが好きで、焼酎イベントに足を運んだり、蔵元を訪れたりなど、追っかけのようなタイプといえるでしょうか。ちなみに著者2人はどれからもはずれて、焼酎を解析する「解析焼酎オタク」です。

場所

焼酎川【しょうちゅうがわ】

世界遺産の縄文杉で名高い屋久島にあるスポット。昔は密造酒が島で大量に造られていた時代があり、摘発される前に密造酒を川に流していたという。島内を走る種子島屋久島交通のバス停に今でもその名の停留所がある。

資格・制度

焼酎唎酒師（焼酎アドバイザー）【しょうちゅうききざけし】

焼酎唎酒師の前身である「焼酎アドバイザー」の資格は2000年に発足。SSI（日本酒サービス研究会・酒匠研究会連合会）が主催しており、酒類製造・販売、飲食店などの仕事に従事する人が資格を取得することが多かったが、最近は一般の愛好家の取得も増えている。焼酎の基礎知識や歴史、テイスティング、提供方法まで広い知識と実践的な技能が要求される。この資格は、焼酎を飲んで「何の銘柄で何年製造のもの」などを当てるための資格ではなく、あくまでも基礎知識とサービスの提供を学ぶためのもの。本当の勉強はそこからである。

社会・民俗

焼酎蔵【しょうちゅうぐら】

同じ蔵元でも日本酒蔵と焼酎蔵では趣が異なる。中規模以上の蔵になると見かけは大差はないが、小規模な蔵の場合、日本酒蔵はいかにも古くから続いていると思われる由緒ある雰囲気で、立派な門構えと屋敷があり、そのかたわらに酒蔵が建てられているところが多い。一方、焼酎蔵の場合は住宅街や畑の中に突然ぽつんと建っていて、見かけも普通の家とほとんど変わらなかったりする。

原料

焼酎酵母【しょうちゅうこうぼ】

麹が造った糖分からアルコールを作り出す役割をする微生物。通常は液体で売られている。市販されている培養酵母は使用期限が短いため、離島の蔵元では乾燥酵母も使われている。鹿児島では一般的に鹿児島2号、4号、5号といった酵母菌が使われており、それぞれの酵母によって発酵の仕方や香味にわずかな違いがある。花などから分離した酵母や蔵内から採取培養した蔵付き酵母を使用する蔵もある。

料理・飲み物

焼酎漬け【しょうちゅうづけ】

野菜などを調味料と一緒に焼酎に漬け込む調理法。大根やキュウリといった野菜を砂糖や塩とともに焼酎に漬け込んで1日〜数日たてばできあがり。減圧蒸留の米焼酎や麦焼酎を使えばさっぱりと漬かる。また、焼酎漬けといえばよく知られているのが果実の焼酎漬け。梅酒が一般的だが、イチゴやミカン、ブルーベリーやキウイなどでも美味しい果実酒が作れる。この際は甲類焼酎や本格焼酎のアルコール35%のものを使用しましょう。

飲み方・楽しみ方

焼酎電車【しょうちゅうでんしゃ】

鹿児島市内を走る市電を貸し切り、車内で焼酎とおつまみを存分に楽しむことができるイベント。2014年から始まり、毎年8月と11月に開催されている。回ごとに違う蔵元が参加し、また参加費も安いこともあって大人気の企画。

社会・民俗

焼酎の増税【しょうちゅうのぞうぜい】

昔は焼酎の酒税率はほかの酒に比べて安く、また価格も安かったため「焼酎は安酒」のイメージがついていた。80年代はチューハイブームもあって甲類焼酎を中心に酒税率の低い焼酎の消費が伸長し、対照的に高酒税率のウイスキーは高級酒というイメージが長らくついていた。そんな中、WTO（世界貿易機関）からのGATT（関税及び貿易に関する一般協定）の勧告を受け、税率格差を是正するためにウイスキーの級別廃止と焼酎の増税（平成9,10,12年の3回）がなされ、最終的に焼酎の税率は2.43倍に大増税された。増税は焼酎業界にとって危機的状況ともいわれていたが、結果的には地方の本格焼酎が注目されるきっかけともなり、第三次焼酎ブームへとつながっていった。

し

場所

焼酎バー【しょうちゅうばー】

焼酎をメインにしたバー形態の料飲店。バーということで料理は限られているが焼酎の品揃えは多い。席はカウンターのみという店も多く、マスターと焼酎談義ができるのがいい。2001年以降、本格焼酎ブームの流行とともに焼酎居酒屋と焼酎バーが激増。我も我もと焼酎バーや焼酎居酒屋に参入したが、提供の質が悪い店や、そもそも焼酎に詳しくない人が店をやっているパターンも多く、ブームの終焉とともに軒数は激減した。最近では日本酒ブームとともに日本酒バー業態が増えており、時代の流行に左右されやすい日本の飲食業の形態はこのようにスクラップアンドビルドをくり返すのが常である。

社会・民俗

焼酎ブーム【しょうちゅうぶーむ】

焼酎が爆発的なブームになったことがこれまでに何回かあった。まず1970年代後半の第一次焼酎ブーム。鹿児島の芋焼酎“さつま白波”が全国に進出し、CMの「ロクヨン（焼酎6対お湯4の割り方）」というフレーズが話題に。1980年代前半には第二次焼酎ブーム。「チューハイ」が流行し、缶チューハイや甲類焼酎の新商品が次々と発売された。また大分の麦焼酎“いいちこ”も「下町のナポレオン」をキャッチフレーズに全国的に有名となる。2000年代初頭（平成10年代半ば）には本格焼酎がブレイクして第三次焼酎ブームが起こった。蔵元の若い跡継ぎが造った焼酎が注目され、TVや雑誌などで本格焼酎の健康効果がうたわれたことも大きい。赤ワインブームの時も健康のために赤ワインを飲む人がいたが、この時も健康のために本格焼酎を飲む人が続出した。

飲み方・楽しみ方

焼酎ハイボール【しょうちゅうはいぼーる】

戦後の大衆酒場で飲まれたハイボールは当時の安ウイスキーを炭酸水で割ったものだった。それと同じように焼酎を炭酸水で割ったのが焼酎ハイボールの始まりとされている。まだ飲みにくかった焼酎を飲みやすくするために始まったこの飲み方だが、1980年代の第二次焼酎ブームの時にこの焼酎ハイボール（略してチューハイ）が大ブームとなった。クリアな味わいの甲類焼酎を炭酸水と果汁やジュースなどで割るこの飲み方は当時の若者に大人気となる。2010年前後にはウイスキーハイボールが再びブームとなり、その流れからレモンチューハイブームが再燃。それによって本格焼酎の炭酸割りも模索されるように。ブームは繰り返されるものですね。

表現

焼酎野郎【しょうちゅうやろう】

焼酎の知識やウンチクを前面に打ち出す人をディスる際に用いるスラング。

雑学

消毒【しょうどく】

市販の消毒液が普及する以前は焼酎で消毒をしていた。とはいえ、現代の焼酎はアルコール度数に規定があって消毒作用としては効果がうすいので、安全に消毒するには市販の消毒液を使った方がいい。

雑学

賞味期限【しょうみきげん】

焼酎は開栓をしなければ基本的にいつまでも保存は可能。開栓したあとは空気と焼酎が触れて味が変化してゆくが、そのスピードはワインや日本酒などの醸造酒と違ってかなりゆるやかなので、開栓したからといってあわててすぐ飲む必要はない。目安としては開栓して半年以内に飲めばおおよその焼酎は大丈夫。

製造

蒸留【じょうりゅう】

酒のもろみを熱すると、水よりも沸点の低いアルコールが先に蒸気となり、それを冷やすことでアルコール（蒸留酒）を取り出すことができる。これが蒸留という工程。単式蒸留器を用いた蒸留は伝統的な手法で、連続式蒸留は近代的な方法である。また、単式蒸留器を用いる場合には２通りの蒸留法、常圧蒸留と減圧蒸留がある。

製造

蒸留器【じょうりゅうき】

蒸留酒を造るためにもろみを加熱する装置。蒸留器の起源は紀元前のメソポタミア文明時代のアラブ地方にあり、アラビア語で「アランビック」という蒸留器はそこからアジア方面やヨーロッパ方面に伝わったといわれている。蒸留器は大きく分けて単式蒸留器と連続式蒸留器があり、目的とする酒質によって使い分けられる。日本の本格（乙類）焼酎には単式蒸留器が使われるが、同じ単式でも加熱の仕方の違いや横型、縦型、前世代型の直釜蒸留器などいろいろな種類があり、それぞれの蒸留器の形によって味わいが微妙に違うのがおもしろい。

種類・銘柄

蒸留酒【じょうりゅうしゅ】

穀物や果実を発酵させたもろみを蒸留器の中で熱することで蒸気に変化させて冷却し、アルコール分だけを取り出した酒。日本では米や麦、芋、黒糖を原料にした焼酎が代表。欧州ではウイスキーやブランデー、ジン、ウォッカ、南米のラム、中国の白酒（パイチュウ）なども蒸留酒の代表といえるだろう。蒸留酒は紀元前のアラブ地方から始まりアジア方面やヨーロッパ方面に伝わったとされている。ヨーロッパでは当初、蒸留酒はアクアヴィタ、オードヴィー（命の水）といわれ、薬として重宝されていた。中国では13世紀の元の時代には東南アジア方面から伝わった蒸留酒が造られていたようである。14世紀には東アジアで蒸留酒が交易品として扱われ、16世紀には蒸留酒がヨーロッパでも広く飲まれ始めている。

飲み方・楽しみ方

食中酒【しょくちゅうしゅ】

食事を楽しみながら飲むのに適した酒。もともとワイン業界で使われてきた概念だが、焼酎も昔から食中酒として飲まれてきた。料理やおつまみにどんな焼酎と合わせるかも重要だが、「好みの銘柄をどう割ってどの温度で飲むか」に重点を置いた方がいいかもしれない。

表現

常連【じょうれん】

高い頻度で同じ店を利用する客のことを常連（客）という。常連客はメニューや味の変化に敏感、店側は常連の頼み方、好き嫌いといったクセを熟知しており、客と店とのア・ウンの関係も醍醐味のひとつでしょう。さて、常連になるには？ まずはいつもいる店員、あるいは店主と気軽なおしゃべりができるようになるまで通いつめる。これがまず第一段階ではないでしょうか。その前に通いつめたくなるような店を見つけることが肝心ですね。

製造

初留【しょりゅう】

蒸留の最初の部分で、初垂（はつだれ、ハナタレ）ともいう。蒸留の最初に出てくる焼酎はアルコール60％くらいで、時間の経過とともにアルコール度数は低くなってくる。この初留の味わいは純粋なアルコールに近く、原料由来の味はあまりしない。この部分を集めたものを「花酒」「初留取り」「ハナタレ」として商品化することもあるが、この初留の部分を取りすぎると、残りの焼酎の味のバランスが悪くなってしまうので注意が必要。

表現

初留臭【しょりゅうしゅう】

蒸留の最初の部分に感じられる香りのこと。接着剤のような香りで、原料由来の香りは少ない。

製造

初留取り【しょりゅうどり】

蒸留の最初の部分の「初留」「初垂」だけを取ったもので、沖縄の与那国島では「花酒」、焼酎蔵では「初留取り」「ハナタレ」として商品化されることもある。蒸留の最初に出てくる焼酎はアルコール60%くらいで、このままだと酒税法上「焼酎」に分類されないので、アルコール45%以下まで割り水して商品化される。この初留取り焼酎の味わいは、インパクトが強いがピュアな味わいである。

地理

シラス台地【しらすだいち】

鹿児島県から宮崎県南部に広く分布する、火山灰が積もってできた台地。水はけがよく稲作には向かなかったが、江戸時代に甘藷（サツマイモ）が伝わってからは、芋がシラス台地の救荒作物として普及した。

社会・民俗

シルバー人材センター
【しるばーじんざいせんたー】

シルバー人材センターは、定年退職者などの高年齢者にその人のライフスタイルに合わせた仕事を提供している。焼酎の業界でもお世話になることがあり、たとえば芋焼酎の製造時期に年配の方を短期間雇用することがある。特に芋の下処理は人海戦術で人手が必要になるため、その時に従事される年配者の存在はとてもありがたいものとなっている。

原料

白芋【しろいも】

皮も中味も白っぽい色をしているサツマイモ。コガネセンガン、ジョイホワイト、シロユタカ、シロサツマなどが焼酎に使われる代表品種。白芋は相対的にデンプン価が高いので、芋焼酎のほか、デンプン原料にも使われる。

原料

白麹【しろこうじ】

麹カビの一種で菌糸が白色。大正時代に黒麹菌の突然変異から生まれた麹で、胞子が飛び散ることもなく作業性もよいことから、黒麹に代わって一般に広く普及した。現在でも地元向け焼酎のスタンダードは白麹が主流である。白麹は原料の味を素直に引き出し、おだやかで飲みやすい味わいになる傾向がある。

種類・銘柄

ジン【じん】

穀類や糖蜜を原料にして造った蒸留酒に、ジュニパーベリー（杜松の実）などのボタニカル（ハーブやスパイス、果皮など）を加え再蒸留したスピリッツ。現在主流のロンドン・ドライ・ジンの製法は、連続式蒸留器で蒸留されたスピリッツにボタニカルを加えて単式蒸留器で再蒸留して造る。華やかな香りがありクリアな味わいのためカクテルベースにもよく使われる。対してジンの発祥とされるオランダのジンは単式蒸留器で蒸留するのが特徴。風味が濃厚でストレートで飲まれることが多い。

焼酎に合うつまみ
〈ご当地編〉

いろんな料理にマッチする焼酎だけれど、
作られた土地の名物料理とともに味わえば、
味も気分もいっそう盛り上がります！
ここでは、焼酎の本場・九州のご当地つまみ
をご紹介。たもいやんせ～。

さつま揚げ（つけ揚げ）

南九州の伝統的な特産品で、鹿児島では「つけ揚げ」ともよぶ。魚のすり身を油で揚げたもので小判の形をしており、バリエーションとして中にゴボウやニンジン、ショウガ、サツマイモなどが入っているものもある。

がね

鹿児島や宮崎の伝統料理で、サツマイモやニンジン、ゴボウなどの野菜を千切り（スティック状）に刻んで衣をつけて油で揚げたもの。揚がったものが互いにくっついてカニのように見えることから「がね（鹿児島の方言でカニ）」という。

豚足の煮物

南九州～沖縄の名物料理。豚足を煮る時に焼酎や泡盛を加え、麦味噌で煮るのがポイント。
こってりとした甘口で、コラーゲンたっぷりの郷土料理。

ちゃじょけ（つぼ漬け）

南九州の伝統的な漬物で、干した大根を昔は壺で漬けていたのでこの名がある。南国らしいほんのり甘口の漬物。お茶うけの定番でもある。

ぐるぐる

熊本の郷土料理。"一文字"（ひともじ）という小ネギを使った料理で、一文字を湯がいたあと、根元の茎部分を芯にして青い葉の部分を巻きつけてできあがり。酢味噌で食べる。

鳥刺し

鹿児島や宮崎、大分などが特産の郷土料理の一品。生の鶏肉を薄く刺身にして、甘口醤油とショウガやニンニクで食べるのが九州流。

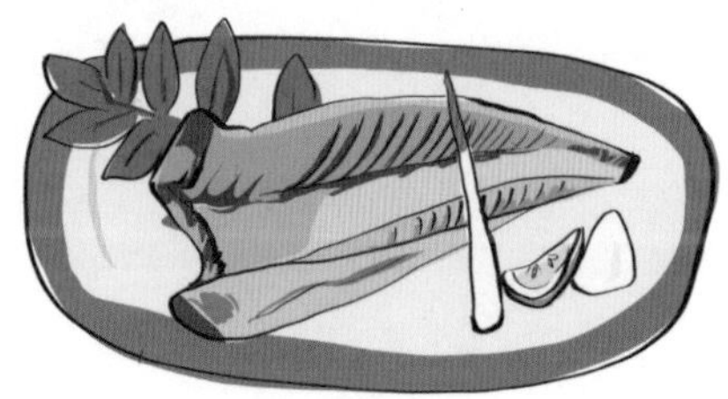

カツオの腹皮（腹の身の部分）

鹿児島の枕崎や山川はカツオ漁が有名で、そのカツオの腹の脂がのった部分を「腹皮（はらがわ）」という。この腹の部分は、実はカツオ節を作る時に取り除いて余った部分。ご飯のお供にも最適。

製造

新酒【しんしゅ】

蒸留したての焼酎を新酒、あるいは新焼酎とよぶ。主に芋製の新焼酎が毎年秋に販売されている。ほかの原料の焼酎はある程度熟成させてから出荷されるので、新焼酎としてはあまり販売されていない。

成分

末垂【すえだれ】

蒸留の最後の部分。蒸留の最初は60%もあったアルコール度数も最後は20～10%にまで下がり、原料由来の複雑な香味や焦げ臭などが感じられる。この末垂がほどよく入っていると焼酎の味にコクと幅が出て美味しく感じる。逆に多すぎると濃厚すぎて飲みにくくなってくるため、この末垂が入りすぎないようにアルコール何%になったら蒸留を止める、という操作をしなければならない。この判断によって最終的な焼酎の味が決定するといってもよい。昔は末垂までしっかり取った焼酎が多かったので「くさい」と敬遠されていた時代もあったが、1990年代以降、蒸留を早めに切り上げて末垂成分をほどほどにする蔵が増えたので、飲みやすい焼酎が増えてきた。

表現

末垂臭【すえだれしゅう】

蒸留最後の部分に特有の、重く複雑な香りや焦げ臭のこと。後留臭ともいう。この香りが強い焼酎は味わいも濃厚で、逆にあまりないと飲みやすくはなるが素っ気のない味になってしまうので、この末垂成分がバランスよく入っているのが大事である。

容器

錫製の酒器【すずせいのしゅき】

錫器は鹿児島の伝統工芸品のひとつ。昔、県内に錫鉱山があったのが始まり（現在は閉山）で、錫はやわらかく加工がしやすいために明治頃から錫製の酒器や茶壺、仏具などの生産が盛んとなった。錫の酒器は猪口やぐい呑み、チロリ、ちょかなどがあり、焼酎を注ぐと口あたりがまろやかになる。また錫は熱伝導率が高いので、錫製のチロリやちょかで燗をつけると酒を早く温めることができるのも特徴。少々高価ではあるが酒飲みの人は一家にひとつは持っておきたい。

製造

錫製の蒸留器【すずせいのじょうりゅうき】

正確には「オール錫製の蒸留器」というものは存在せず、ワタリや蛇管といった蒸留器の部位に錫製のものが使われていることがある。錫には不純物を吸着させる性質があり、錫のワタリや蛇管を通った焼酎はまろやかな味になるといわれている。昔は錫製の部品を使う蔵が多かったが、経年とともに変形するため数年に一回交換する必要があるのと、何回かの焼酎ブームを経て蒸留器が大型化するとともに錫製では対応できなくなり、錫製の部品は次第に使われなくなっていった。

飲み方・楽しみ方

ストロー【すとろー】

飲料を飲む時に使う穴のあいた細長い棒状の道具。ストローで酒を飲むことは日常まずないと思うが「ストローでお酒を飲むと酔う」といわれている。これはなぜか。細いストローで酒を飲むことによる軽度の低酸素状態、そして口の中の一定の場所に当たるアルコールの刺激。また視覚からの情報や呼吸器などから吸収されたアルコールによって、グラスで飲むよりも酔いのまわるのが早いと感じるためではないだろうか。

料理・飲み物

ストロング系チューハイ

【すとろんぐけいちゅーはい】

缶チューハイのひとつのジャンルで、通常アルコール度数が3～5%のところ9%くらいまではね上げて作られている。2009年にサントリーが発売したストロング系缶チューハイがきっかけ。アルコールが高くても果実の風味により飲みやすく作られており、かつ安いため350 ml缶を一本飲めばそれだけでそれなりに酔えることから大ブームとなった。「人をだめにするチューハイ」ともいわれ、健康面を危惧する声も増えてきており、業界的に自粛の方向になってゆくのか注視したい。

種類・銘柄

スピリッツ【すぴりっつ】

穀物や果実を発酵させたものを熱して蒸発したアルコール成分を集めた蒸留酒。日本では焼酎、ウイスキー、ブランデー以外のジンやウォッカ、テキーラ、ラム、その他の蒸留酒がスピリッツに分類されている。

表現

スモーキー【すもーきー】

一般的にいえば焙煎したような香り、あるいは焦げ臭のこと。スモーキーと言うと、なんかかっこいい。

資格・制度

3E認証マーク【すりーいーにんしょうまーく】

Eが3つ並んだマークで、正式名称は「ふるさと認証食品マーク」という。鹿児島の芋焼酎のラベルにこのマークがついている場合は、鹿児島県産のさつまいもと米麹（芋麹）を用いて、単式蒸留器により造られ、水以外の物品を含まない焼酎ということが証明されている。

表現

鋭さ【するどさ】

本格焼酎の原酒や初留取りなどの、アルコール度数が高めの焼酎を口にした際に用いる言葉。または、味わいにふくらみがなくアルコール感が際立つ場合にこのような表現を使うことがある。

製造

製麹【せいきく】

麹を造ること。米や麦などの穀類を蒸して、そこに種麹菌をまぶし、約40時間かけて麹を生育する。麹の出来によって発酵の良し悪しが左右されるため、酒造りで一番大事な作業でもある。ただ、焼酎麹の場合は手造りよりも自動か半自動製麹が一般的。それは麹に求める性質が日本酒と焼酎では違い、自動製麹でも焼酎の仕込みに使うにはそこそこ上質の麹が造れてしまうからである。

写真提供／（有）中村酒造場

場所

製糖工場【せいとうこうじょう】

サトウキビやテンサイから糖蜜を精製する工場。黒糖焼酎の原料となる純黒糖（含蜜糖）のうち国産のものは沖縄や奄美の製糖工場で作られる。以前は沖縄県内に数百あった黒糖工場だが、今では沖縄本島以外の8つの離島にしかない。奄美諸島にも小規模ながら含蜜糖の工場がある。

人物

せごどん【せごどん】

西郷隆盛の愛称　→「西郷隆盛」（p.84）

雑学

西郷どん（NHK大河ドラマ）【せごどん】

明治維新より150年の時を経ても鹿児島の象徴・明治の偉人たる西郷隆盛。そんな西郷さんの生涯を描いた大河ドラマが2018年に放映された。人物としての知名度はかなり高かったのだが平均視聴率は12.7%と史上3番目の低さを記録。時代考証が不十分だったという批判もあるが、聞きなれない鹿児島弁が多く地元民以外をおいてけぼりにしたのがいけなかったのだろうか。そんな反省もあってか、奄美編では方言に字幕がつくなど親切な演出もされた。ちなみに地元鹿児島では平均視聴率30%という高視聴率だった。やっぱり鹿児島県民は西郷さんが好き。

居酒屋の作法

20禁

お店というのは、店主の城でございます。
郷に入れば郷に従えという言葉もありますが
ここでは居酒屋での最低限のマナーを
著者・編集チームの若かりし過去の反省や
失敗もふまえて、ご紹介します！

※完全なるお遊びページでございます

入店

泥酔入店禁止

あいさつしましょう。
敷居をちゃんとまたいでね

居酒屋
こっちこっち！
まって…
こんばんは一

缶ビールをのみながら、たばこを吸いながら
入店するなんて言語道断！叩っ斬られます！

着席
こちらへどーぞ
カウンターの場合は隣のお客様と1席空けて座りましょう
案内されたところにスムーズに座りましょう
おしぼりで
顔拭いたっていいじゃない
混んでるときは仕方がない。
隣の人に一声かけてからお座りください
ワイワイ
イイヨー
お隣いいですか？
人が通るところには荷物を置かないこと！
NO!

酒を頼む

焼酎居酒屋でも、ビールが飲みたかったらビールを頼めばいいじゃない！

とりあえず
ビール

Todays menu
おすすめ
サワー

店推しのドリンクがあれば頼んでみてもいいんじゃない？

たまには知らない銘柄も頼んでみましょうか せっかくですから

New
あっ！これ
飲んでみよーかな

こちらも
おすすめです
うーん
?!

並んでいる酒瓶を観察してみてもいいかも。
見た目で選ぶのも楽しいです

どの銘柄を選べばいいか迷ったときは、お店の人に聞いてみるのもアリ

つまみを頼む

旬を意識しながらメニューを眺めるのも楽しいものです。でも基本は好きなものを！

調子にのって頼みすぎないこと。カウンターにのらなくなっちゃうじゃない！

酒との相性を考えて頼んでもいい。逆も然り

美味しいのはどれですか？なんてこと尋ねるのはよしましょうね

当たり前ですが、持ち込みなんてもってのほかですよ

映えるー

※写真撮影をしていいかは必ず店主に確認しましょう!!

店主との会話

知識をひけらかしたり、
勝負をふっかけたりしないこと！
あなた以上に店主は知って
います

お店いつからやってるんですか？
とかいろいろ聞きたくても、
機嫌の悪そうなときには質問
は控えるべし（百億回くらい
聞かれてます）

重い～
今日は暑いね
今は何も
答えれま
せん…
プルプル

店主もね、やることがあるんです。
目に見えて忙しそうなときに
むやみに話しかけちゃ
だめですよ

話しかけてもよさそうなら、
焼酎について、お酒について、
質問してみましょう

店主の方が年下に見えても
いきなりタメ口は失礼です

2～3回行ったぐらいで
常連と思うなかれ！

追加オーダー

店員さんに「おい、ねーちゃん」とか失礼な呼び方しないこと

1杯目に飲んだ酒を、違う飲み方でチャレンジするのもたのしいですよ

すぐに注文をとりにきてくれなくてもキレないこと

ただし無理は禁物です

店主に2杯目を相談してみると、おもしろいかもしれません

残すなら頼むんじゃないわよ

ほかの客との会話
オレの方が…
ヴォー
相手の会話にマウントをとろうなんて考えてはいけません
からまない
(嫌われます)
話が合いそうなら思い切って話しかけてみよう。いろいろ教えてくれる常連さんもいます
ひとりで楽しむ勇気を持つこと。そのうえで会話しましょう
ねえねえ
いっしょに飲もーよー
え?
じー
ふられてもいじけないこと
カップルの会話を邪魔するような野暮はしない

帰りたくないと駄々をこねない

お金を払って帰りましょう
（払ったかどうか不安になるあれは一体何なんでしょう？）

引き際は美しく。だらだら長居しない
（店主が許してくれるなら甘えてもいいよ）

終電の時間、確認した？

気に入ったお店には再訪しましょう

またのお越しをお待ちしております

Bye-♥

END

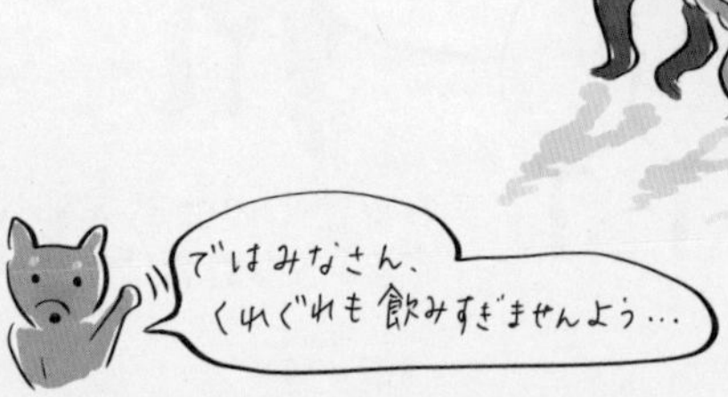

ではみなさん、
くれぐれも飲みすぎませんよう…

飲み方・楽しみ方

せんべろ【せんべろ】

昨今の角打ちや大衆酒場の人気とともに生まれた「せんべろ」。一軒の居酒屋で1,000円ポッキリでベロベロになるまで飲めるという意味。

製造

総破精【そうはぜ】

麹菌が米に繁殖する際、米の表面全体ならびに内部に破精がまわっている状態を「総破精」という。焼酎用の麹は一般的に総破精で造る。また、濃醇な日本酒を造る際にも総破精の麹が用いられる。

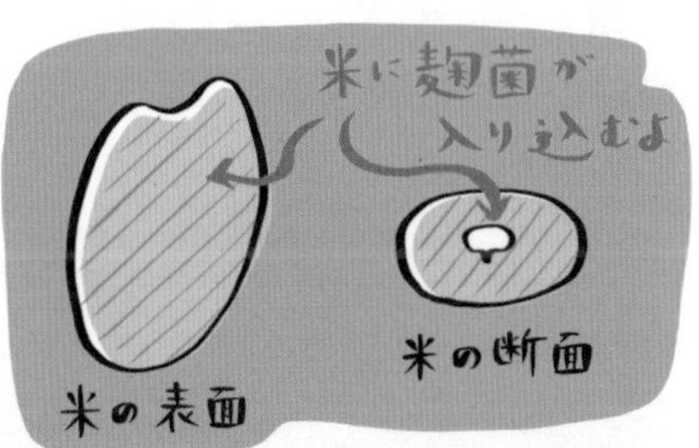

表現

底なし【そこなし】

「ざる」に同じ　→「ざる」(p.91)

種類・銘柄

ソジュ（焼酒）【そじゅ】

お隣韓国では焼酒と書いて「ソジュ」という蒸留酒（韓国焼酎）があり、始まりは1300年頃の高麗王朝時代といわれている。現代の韓国焼酎にはJINROやチャミスル、鏡月などがあり、原材料は糖蜜のほか、麦・もち米・トウモロコシなどを使っていて、日本の甲類焼酎とは少し異なるのが特徴。　→「韓国焼酎」(p.62)

種類・銘柄

蕎麦焼酎【そばしょうちゅう】

そばの産地で今でも多く造られる焼酎。主要な産地としては宮崎県、長野県、北海道など。そばで麹は造りにくいため、米麹や麦麹を用いるのが一般的。主原料にそばのみを使い常圧蒸留した焼酎は味わいがかなり濃厚。主原料にそばを、副原料に米や麦を使うこともある。

容器

そらきゅう【そらきゅう】

南九州で宴席遊びに使われる陶器の小さな杯。手持ち部分に小さな穴が開いていて、指でふさがないと酒がもれてしまう。さらに杯の底はとがっているため、飲み干さないと杯を置くことができない。ゆえに「そら」といわれて注がれたら「きゅう」と飲み干さなければならないため、この名が付いたといわれる。

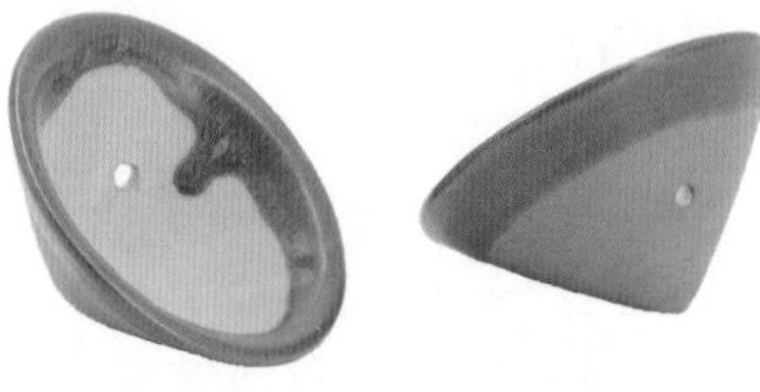

種類・銘柄

そら豆焼酎【そらまめしょうちゅう】

ソラマメを使った焼酎。地域の特産品であるソラマメを活用しようと、いくつかの蔵で造られている。

原料

粗留アルコール【そりゅうあるこーる】

純度の低い粗製アルコールで、南米などで砂糖を精製したあとの廃糖蜜や糖蜜が原料。製法的にはラムのような蒸留酒で、この粗留アルコールは日本に輸入されたあと、さらに精製されて原料用アルコールとなる。

種類・銘柄

大五郎【だいごろう】

1985年に発売開始となった甲類焼酎を代表する商品のひとつ「大五郎」。もともとは協和発酵が製造していたが、現在はアサヒビールに移っている。大容量ペットボトル焼酎の元祖ともされ、2.7Lが初めて発売された当初はそのデカさに驚いた人も多かった。持って帰るのには重いのだが、車社会となった今では重さはそんなにデメリットではない。とにかく価格は安い、ということで今でも呑兵衛御用達の商品である。

写真提供／
アサヒグループ
ホールディングス（株）

人物

大将【たいしょう】

居酒屋の店主あるいは料理長を指す場合が多い。常連以外の方が気軽に声をかけるとなれなれしく聞こえるので注意。

原料

タイ米【たいまい】

通称インディカ米ともよばれている米で、世界のコメの生産量の80%以上を占めている。細長い形に粘り気の少ない食感が特徴。高温多湿な気候で栽培され、主にインドなどの南アジアから東南アジア、中国、アメリカ大陸などで作られている。酒造りでは琉球泡盛の原料に使われ、芋焼酎や黒糖焼酎などの米麹の原料に使う蔵もある。

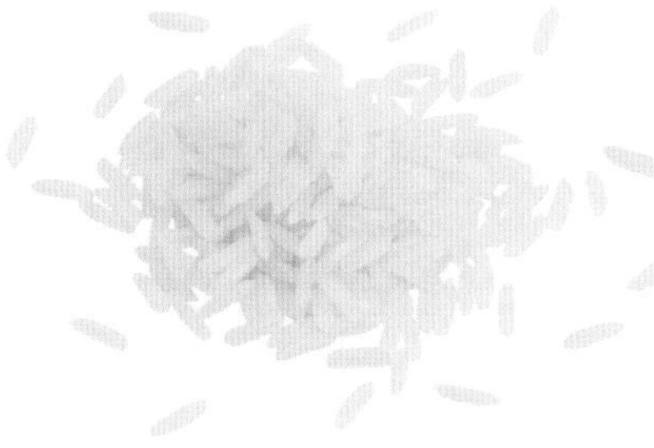

製造

田植え【たうえ】

稲を田んぼに植える作業。熊本の米焼酎蔵では自社田を持ち、社員で田植えから収穫まで行う蔵もある。日本酒の蔵でも同様な蔵がある。

場所

竹屋神社【たかやじんじゃ】

鹿児島県南さつま市の加世田にある神社で、ご祭神四柱をめぐる神話が焼酎の誕生とその後の発展を予言しているとされ、2019年に焼酎神社として祀られることになった。ご祭神四柱とは彦火々出見命（ヒコホホデノミコト）、火園降命（ホスセリノミコト）、火明命（ホアカリノミコト）、豊玉姫命（トヨタマヒメノミコト）のことで、この火の名前のつく三神は炎の中で産まれた（蒸留を暗示）ことから蒸留酒の神様と考えられており、これが竹屋神社が焼酎神社とよばれるようになった所以になっている。

原料

岳之田湧水【たけのたゆうすい】

約3,000年前の古代三紀層の天然深層から湧き出る鉄分の少ない地下水（軟水）で、地元の種子島酒造がこの水を使って芋焼酎を造っている。場所は種子島の西之表市岳之田地区。この近辺には島で初めて作られた一般道のトンネルがあり、また早咲きの暖流桜も島民に知られるところとなっている。

容器

抱瓶【だちびん】

沖縄に伝わる伝統の酒器。上から見ると三日月型をしていて、酒器の両端の穴からひもを通して肩からぶら下げると、三日月型の内側の曲線が腰にぴったりフィットする。昔の豪農が山野や娯楽に出かける時などに、この抱瓶に泡盛を入れて携帯したといわれている。

製造

縦型蒸留器【たてがたじょうりゅうき】

もろみを入れる釜の本体が縦型になっている単式蒸留器で、一般的な焼酎蔵で使われている。沖縄で多い横型蒸留器と比べると、構造上淡麗な酒質になりやすいといわれるが、縦型でも濃厚な味は造れるので、蒸留器の形でどこまで変わるかは同じ条件下でやってみないとわからないこともあり、実際のところはよくわからない。

地 理

種子島【たねがしま】

屋久島の隣にある南北に長い平坦な島。鉄砲伝来やロケット発射場のある島としても有名。島で一般的に飲まれる芋焼酎の原料にはシロユタカやコガネセンガンなどが使われ、ほかにも島独自の品種である種子島むらさき、安納芋などで造った芋焼酎もある。島の焼酎蔵は北部に2軒、中部と南部に1軒ずつあり、北部、中部、南部とそれぞれの地域で飲まれる銘柄が分かれているのがおもしろい。島ではサトウキビの栽培も盛んだが、サトウキビを原料とする黒糖焼酎の製造は奄美諸島にしか認められていないので、種子島では黒糖焼酎は造られていない。

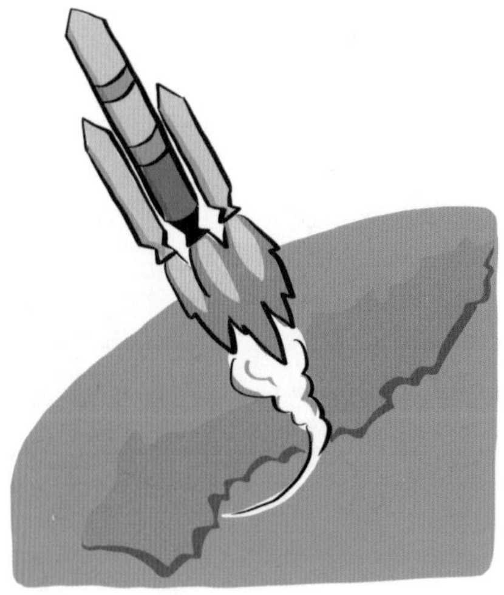

原 料

種麹【たねこうじ】

麹を造る際の種となる菌。焼酎や日本酒、味噌、醤油などの醸造にはなくてはならないもので、蒸した穀類に種麹（粉状が一般的）をまぶして麹菌を種つけする。種麹は米などを原料に麹菌を純粋培養し、胞子を十分に着生させたあと、乾燥させて作る。種麹屋は現在、国内に数社しか残っていないといわれている。

社会・民俗

WTO酒税紛争

【だぶりゅーてぃーおーしゅぜいふんそう】

1980年代の第二次焼酎ブームによって焼酎の需要が増えたことで、ウイスキーの売り込みをねらう海外の国が「同じ蒸留酒なのにウイスキーよりも焼酎の方が安いのはおかしい」とクレームをつけたのが発端。結果、ウイスキーの級別制度が廃止されて価格が下がり、焼酎は３回にわたって増税された。これでウイスキーはもっと売れる！と思われたが、大幅な値上げとなった焼酎（とくに乙類）はその後の第三次焼酎ブームにのって需要が伸び、ウイスキーやブランデーは「高級酒」の位置から転落して逆に需要が減るという、当初の思惑とは違う方向に行ってしまった。なんとも皮肉な話である。

表 現

樽香【たるこう】

焼酎や泡盛を樽で貯蔵した時につく木の香りのこと。オーク樽で寝かせればウイスキーのような香りがし、ブランデー樽やシェリー樽で貯蔵させれば、フルーティーな香りがつく。木樽蒸留器で焼酎を造った際にも木の香りがつくことがあるが、これは樽香とはいわない。

製造

樽貯蔵【たるちょぞう】

焼酎を木樽に入れて貯蔵させる方法。オーク樽が一般的だが、シェリー樽やブランデー樽、ワイン樽を使うこともある。樽で熟成させると焼酎が琥珀色に色づき、樽香やバニラのような香りをともない、ウイスキーのような風味になる。ただ、樽で長期間貯蔵させると色がつきすぎてしまって光量規制に抵触し、酒税法上「焼酎」とは名乗れなくなってしまうため、ほどよく琥珀色がついたらタンクに移したり、無色の焼酎をブレンドしたり、ろ過で色を取り除くなどの方法で調整している。ちなみに日本で初めて樽貯蔵焼酎を発売したのは田苑酒造と小正醸造（ともに鹿児島）であった。ウイスキー全盛の昭和57年（1982年）のことである。

写真提供／小正醸造（株）

社会・民俗

だれやめ【だれやめ】

「だいやめ」ともいう。「だれ」「だい」とは鹿児島や宮崎南部の方言で「疲れ」、「やめ」は「やめる」こと。つまり疲れをとることという意味で、ひと仕事終わったあとに晩酌をしてくつろぐことを「だれやめ」という。

写真提供／大海酒造（株）

製造

タンク【たんく】

もろみの仕込みや焼酎の貯蔵に使われる。材質はステンレスやホーローが一般的。

製造

タンク貯蔵【たんくちょぞう】

一般的な貯蔵方法で、ステンレスやホーロー製のタンクを使用する。樽や甕と違って大量貯蔵が可能で、容器のにおいが焼酎に移らないなどの利点がある。タンクで熟成させる秘訣のひとつに、ときどき中味を撹拌して焼酎と空気を触れさせたりする方法がある。そのほか、装置を取り付けて音楽を流したり細かい振動を与えて熟成させるところもある。

写真提供／（有）山川酒造

飲み方・楽しみ方

炭酸割り【たんさんわり】

甲類焼酎ではチューハイやサワーを作るのに使われてきた炭酸水（ソーダ）だが、2010年代半ばより本格焼酎や泡盛も炭酸水で割って飲むスタイルが広がってきた。業務用では炭酸水製造機を使うところもあるが、一般的には市販の炭酸水を使用する場合が多い。市場では炭酸強度の高い「強炭酸」が好まれるが、炭酸強度も実は焼酎や泡盛との相性にも深くかかわってくる。また、焼酎との相性には炭酸水の水質も重要。炭酸水はシュワシュワしてるのでどれもそう変わらないと思っている人がほとんどだが、実は炭酸水ごとに焼酎や泡盛の味わいが違ってくるのは意外と知られていない。

製造

単式蒸留【たんしきじょうりゅう】

昔ながらの蒸留器を用いた蒸留。釜にもろみを入れて加熱し、揮発したアルコールを冷却装置に通すことでアルコールを収得する一連の装置（単式蒸留器）を用いる。この方法は広く世界の蒸留酒で用いられている。

写真提供／神酒造（株）

人物

丹宗庄右衛門【たんそうしょうえもん】

江戸時代後期の人物。薩摩国阿久根出身の庄右衛門は密貿易をとがめられ八丈島に流罪となった。当時、島では雑穀で造ったどぶろくが飲まれていたが、島でサツマイモが栽培されているのを見て、故郷から蒸留器を取り寄せて島民に焼酎の製造方法を伝えたといわれる。島には彼の功績を伝える「島酒の碑」が建てられている（下写真）。

写真提供／一般社団法人 八丈島観光協会

製造

炭素濾過【たんそろか】

酒の中に活性炭素を入れて、不純物や望ましくない風味成分を吸着させて取り除く方法。日本酒では炭素ろ過は一般的だが、焼酎や泡盛ではあまり使われていない。焼酎は炭素臭がつきやすいので、使い方には注意が必要。

雑学

dancyu【だんちゅう】

食の情報雑誌として1990年12月に創刊された。ダンチュウという言葉は「男子も厨房に入ろう」という意味。焼酎もこの雑誌が早くから取り上げ、それによって焼酎は労働者の酒というイメージからファッション性豊かな酒として認知されるようになった。本格焼酎が躍進するにあたって、現在も大きな影響を与え続けている雑誌。

料理・飲み物

チーズ【ちーず】

牛や羊、ヤギなどの乳を発酵させた食品。乳や乳製品を乳酸菌や酵素などの作用により凝固させ、その際に分離する乳清（ホエー）の一部を取り除いて作る。チーズにはたくさんの種類があるが、焼酎は飲み方しだいでいろんなチーズと合わせられる。焼酎を炭酸割りで飲む場合はブルーチーズなどの青カビタイプ。お湯割りの場合はリコッタやモッツァレラなどのフレッシュタイプのチーズ。水割りならエポワスやショームなどウォッシュタイプのチーズなどが合うようだ。これらを参考にして、デパ地下などにある専門店をのぞいて試してみてはいかがでしょうか。

飲み方・楽しみ方

チェイサー【ちぇいさー】

英語のチェイス（追う）から生まれた言葉。つまりお酒のあとに飲む飲み物のこと。日本のバーなどではチェイサーを頼むと水が出てくるが、海外ではウイスキーやテキーラを飲んでる時にチェイサーを頼むとビールが出てくることもあるそう。焼酎をストレートなどで飲む際は、チェイサー（和らぎ水）を一緒に味わってみてください。お水によってはいろんな風味を堪能できますよ。

原料

地下水【ちかすい】

焼酎の仕込みや割り水に使われる。日本では硬度100mg/L以下の水を軟水としている（WHO（世界保健機構）の飲料水水質ガイドラインとは少し異なる）ので、日本本土の地下水の多くは軟水である。奄美諸島や沖縄はサンゴ礁が隆起した島が多いので、地下水は硬度が高い。硬度が高いと発酵が進みやすいため、仕込みに使う際は軟水器に通したりして使う蔵もある。

原料

中硬水【ちゅうこうすい】

WHO（世界保健機関）の基準で硬度60以上～120 mg/l未満の水のこと。軟水と比べると飲み口がまったりとしていて、わずかにとろみを感じさせるようなミネラル感が感じられる。焼酎を飲む時に中軟水で割ると、コクや旨味がより強調されるような仕上がりになる。黒糖焼酎や泡盛のほか、常圧の焼酎を割って飲むのにおすすめ。

飲み方・楽しみ方

チューハイ（酎ハイ）【ちゅーはい】

焼酎を果汁やジュース、茶などの嗜好飲料、炭酸水などで割ったもの。語源は「焼酎ハイボール」からきている。焼酎の製法の進歩とともに味わいのソフト化が進み、1980年代には自分好みに混ぜて飲むスタイルの「チューハイ」が第二次焼酎ブームを牽引した。原料の味わいをそのまま楽しむ本格焼酎よりもクリアな味わいの甲類焼酎の方がチューハイには向いている。

場所

酎ハイ街道【ちゅうはいかいどう】

東京都墨田区のディープゾーン、京成電鉄押上線の八広駅から東武スカイツリーラインの鐘ヶ淵駅に渡る道を「酎ハイ街道」とよんでいる。区画整理などで昔の風景からは変わってしまったものの、今でも続いている沿道居酒屋では昔からその店に伝わる独自の酎ハイを提供している。昔の大衆酒場を堪能するのに最適な場所のひとつ。

飲み方・楽しみ方

チューハイとサワー【ちゅーはいとさわー】

チューハイは「焼酎ハイボール」の略なので焼酎ベース、「サワー」は焼酎あるいはウォッカなどのスピリッツをベースとしている。どちらの飲み方も炭酸水で割り、果汁やジュース、茶類を加えるという点では一緒。そのため今ではチューハイもサワーもほぼ同じ意味で使われている。

焼酎に合うつまみ

〈家庭料理編〉

お店で飲むのもいいけれど、お家で家庭料理とともにしっぽり飲む焼酎も最高！
ここでは、著者（沢田）が家庭で実際に試して相性のよかったメニューと飲み方をご紹介。

※常圧＝常圧蒸留、減圧＝減圧蒸留（p.74&100参照）
※焼酎の種類によっては合わないものもあります。好みのマッチングを探求するべし。

おでん

ハフハフするくらい熱々のおでんとの相性は最高！和カラシはたっぷりと！

常圧×水割り・お湯割り

まぐろの山かけ

とろろと赤身まぐろも合います。ねばねば系と焼酎の相性はいいですね。

常圧×水割り・お湯割り、減圧×ロック

ねぎとろ

まぐろの脂のとろみ、ワサビのスパイシーさとの相性がたまりません。

減圧・常圧×ロック・水割り

シュウマイ

シュウマイの味が焼酎の原料の旨味を引き立てます！

常圧×お湯割り

豚汁（けんちん汁）

豚肉の脂や味噌との相性もよく、汁の熱さで焼酎と汁の香りがお互いに引き立ちます。

常圧×水割り・お湯割り

焼鳥丼

甘い醤油ダレと焼酎がよく合います。甘い醤油ダレはほかの料理にも応用できそう。

常圧×水割り・お湯割り

カレー

カレーの味とともに焼酎の味も引き立つ感じ。常圧でもさっぱりした味の焼酎がいいですね。

常圧×水割り

ほうれん草のごま和え

ほうれん草の青臭さと焼酎の辛みがちょうどよくマッチします！

減圧・常圧×水割り・お湯割り

里芋とイカの煮物

里芋のもっさりした食感を流してくれます。芋焼酎と里芋との相性もいいですよ。

常圧×水割り・お湯割り

いわし丸干し

焼魚のはらわたの苦味や焦げなどの味わいと、焼酎の旨苦味との絶妙なハーモニー！

常圧×水割り・お湯割り

甘塩焼鮭

鮭の塩味やミネラルな味わいにあっさりした味の焼酎がよく合います。

減圧・常圧×水割り・お湯割り

ポテトのチーズ焼き

チーズの香りと焼酎の味わいがマッチして新しい味わいに！

常圧×水割り・お湯割り

チョコレートケーキ

チョコの苦味と焼酎の辛みがよく合います。王道のマッチングですね。

常圧×ロック・水割り

ヨーグルト

乳酸系の風味と旨味の強い焼酎がマッチング。減圧系とは合せない方がいいかも。

常圧×水割り

家なら飲んだら
すぐ寝れる
Ozzz…
zzz…

料理と合わせる時のポイント

基本①　温かい料理には焼酎も温かく、あるいは常温で。（常圧蒸留）

基本②　冷たい料理には焼酎も冷たく。（減圧蒸留・常圧蒸留）

基本③　〈焼酎5：水5〉でも、料理の素材を楽しむには焼酎の方が勝ってしまうことがあります。その場合は焼酎薄めの4：6がオススメ。

☑ 刺身との相性は基本的にいいですが、ワサビをたっぷりのせるとさらにいい。

☑ チーズや納豆、クサヤといった独特の風味のある発酵食品とも相性がいいです。

☑ 山芋や納豆、オクラなどのねばねば食品も合わせやすいです。ねっとり感と焼酎がよくからみあう相乗効果が。

☑ 和カラシ、ワサビといった薬味は焼酎との相性バツグン。お互いの風味を引き立てます。

☑ 熱々のおでんや豚汁（けんちん汁）との相性は最高！熱いおでんを食べて温まった口の中に焼酎を流し込むことによって、焼酎の風味が豊かに立ち上がります！

☑ カレーなど唐辛子系の辛い料理には水割りがいいかも。

☑ 料理に合わせる場合、減圧系の焼酎はお湯割りにしない方が無難です。

☑ 食後に楽しむならチョコレートは王道。お互いの風味を引き立て合います。

製造

長期貯蔵【ちょうきちょぞう】

一般に3年以上貯蔵することを「長期貯蔵」といい、「長期貯蔵酒」は3年以上貯蔵熟成させた原酒を50%以上含む焼酎に対してつけられる。長期貯蔵させると香りや口あたりがまろやかになり、特に常圧蒸留焼酎の方が味の変化が大きいため長期貯蔵には向いている。一方で減圧蒸留焼酎の場合は変化が小さいので長期熟成されることは少ない。タンクや樽、甕といった貯蔵容器や原料、製造方法によっても熟成の変化が違うため、長期貯蔵の技術は経験を積まないと難しい。特に芋焼酎は伝統的に熟成させるという慣習がなかったので、貯蔵熟成の研究はこれからといってよいだろう。

製造

調合（ブレンド）【ちょうごう(ぶれんど)】

蒸留されてできた焼酎や泡盛を、味が均一になるように各タンクの原酒を混ぜ合わせる作業。酒造りは生きものなので年ごとに出来も違い、タンクごとによっても違う。これをなるべく前年のもの、あるいは目標とする味わいにするようにブレンドするのがブレンダーの仕事である。

容器

千代香【ちょか】

「黒ぢょか」に同じ　→「黒ぢょか」(p.73)

製造

直接加熱型【ちょくせつかねつがた】

蒸留器の中のもろみに直接蒸気を入れて蒸留する方法。この方法だともろみに直接蒸気が入り込むため、焦げを防ぎながら加熱することができる。日本の蒸留器に多い。

資格・制度

直取引【ちょくとりひき】

中間業者をはぶいた蔵元と小売店との直接の取引のこと。小売店側にとって卸業者の商品は競合との差別化にならないとの考えから、また、蔵元にとってはこだわりの商品を希少性を保ちつつ販売したいと考えるため、この直接取引は広く活用されている。元をたどれば流通の発達により全国どこでも同じような商品が出回るようになり、希少性や付加価値の高い商品を求める消費者が増えたことによって生まれた取引方法である。

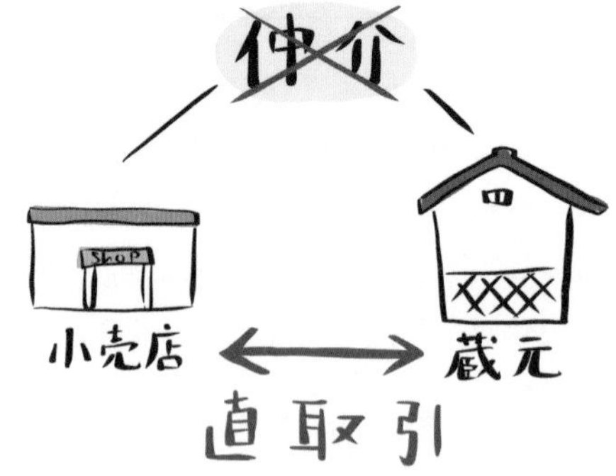

容器

ちょく【ちょく】

熊本地方に伝わる猪口のこと。白い陶磁器製で一口サイズのものが多い。

容器

猪口【ちょこ】

酒を飲む時の酒器。ぐい呑みと形状は似ているが、こちらの方が小さく、1～2口で飲み干せてしまうくらいの大きさ。材質は陶器のほか、木製、ガラス製などいろいろある。器が小さいので泡盛や直燗の焼酎といった度数の濃いものを飲むのによい。あるいはナンコなどの宴席遊びの罰ゲーム用に使うといいでしょう。

料理・飲み物

チョコレート【ちょこれーと】

カカオ豆から作られるカカオマスをベースにココアバター、粉乳、砂糖などを加えて作られる。昔は薬として、今では誰もが大好きな嗜好品のひとつとして親しまれている。チョコレートも焼酎に合わせやすい食材のひとつ。炭酸割りや水割りなど、さっぱりとした飲み方をする場合は、ミルキーなチョコやフランボワーズなどが入ったさわやかな酸味があるチョコ。お湯割りや燗などで温めて飲む場合は、高濃度のカカオの入った苦味のあるチョコや塩が練りこまれたチョコ、ホワイトチョコなどと合わせるのがオススメ。また、最近はウイスキーボンボンのように焼酎をコーティングした焼酎ボンボンなどもある。

製造

貯蔵【ちょぞう】

蒸留したての焼酎はアルコール臭やガス臭などの香味の刺激が強いため、落ち着かせるために一定期間貯蔵させるのが通例。芋焼酎で「新焼酎」として販売する場合をのぞき、どの原料の焼酎でも少なくとも数か月は貯蔵させる蔵が多い。常圧蒸留の麦焼酎や米焼酎は1年以上貯蔵熟成させるところが多く、反対に減圧蒸留焼酎の場合は貯蔵熟成させるところはあまり多くはない。

製造

貯蔵年数【ちょぞうねんすう】

蒸留酒は貯蔵期間の長さによって酒質が変化する。長ければその分まろやかになるが、20年30年と熟成された焼酎は、原料由来の香りも薄れ、水のようにさらさらしていく傾向にある。常圧蒸留の米焼酎や麦焼酎、黒糖焼酎、泡盛などはレギュラー酒でも1～3年くらいは貯蔵させてから出荷する蔵も多いが、芋焼酎は長期間貯蔵させることなく数か月の熟成で出荷される。

資格・制度

地理的表示保護制度
【ちりてきひょうじほごせいど】

産地の風土や伝統的な製造方法の特性が品質に結びついている生産品を保護する制度。ワインの「原産地呼称制度」が始まりとされ、定められた地域で定められた製法で造られたものだけが産地を冠した呼称を使うことができる。海外にはワインの「ボルドー」、ブランデーの「コニャック」、ウイスキーの「スコッチ」などがあり、日本の蒸留酒では壱岐焼酎、球磨焼酎、薩摩焼酎、琉球焼酎が「地理的表示の産地」を受け、国際的にブランドが保護されている。

容器

チロリ【ちろり】

いわゆる酒タンポ。取っ手と注ぎ口のついた筒型の酒器で、酒を湯せんで温める時に使う。チロリは中国から伝わったといわれ、日本では江戸時代からチロリが使われるようになった。素材は錫や銅、ステンレス、アルミなどさまざま。

飲み方・楽しみ方

通販【つうはん】

通信販売の略で、ネットや電話で注文して商品を取り寄せること。酒の場合は重量があるので送料が高くなってしまうのが悩ましい。送料無料のように見えて、実は送料を折り込んでいてリアル店舗で買うよりも価格が高い、という場合もある。多くのサイトでは○○円以上のご注文で送料無料というふれ込みも多いが、欲しい酒がまとまらない…ということで酒の通販をためらっている人も多いのでは。また、季節商品や入荷本数が少ない限定品はネットには出ないこともあり、季節品や希少な酒を探すならリアル店舗に行って探すのが一番いいだろう。

雑学

痛風【つうふう】

体内で過剰になった尿酸が結晶化され、関節炎痛を引き起こす症状。風が吹き当たるだけでも激痛が走ることから「痛風」とよばれるようになったといわれている。

製造

突き破精【つきはぜ】

麹菌が米に繁殖し、米の内部に向かって菌糸が食い込むことを「破精込み」というが、「突き破精」は麹菌が米の中心に向かって入り込んでいる状態で、米の表面に見える破精まわり具合はまだら。淡麗で香りのある日本酒などに使われ、焼酎ではあまり使われない。

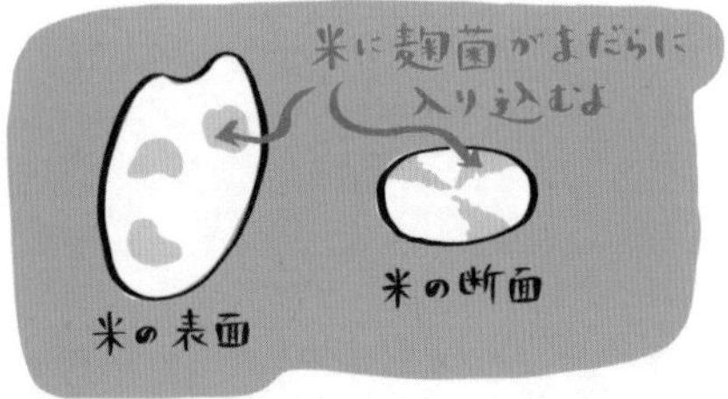

料理・飲み物

つけ揚げ【つけあげ】

魚のすり身を油で揚げたもの。鹿児島では「つけ揚げ」「つき揚げ」とよぶが、一般的には「さつま揚げ」とよばれている。このような練り物製品は全国に郷土料理として伝わっているが、作り方や中身に用いる具材、味付けは地域によって異なる。ちなみに鹿児島の「つけ揚げ」は本州のものよりも甘口に仕上げられている。

地理

対馬【つしま】

韓国に近い長崎県の離島。人口はおよそ31000人。山の多い島なので農業よりも水産業が盛んで、ブリやイカがよくとれる。島には1軒だけ酒蔵があり、「対馬やまねこ」という麦米焼酎を造っている。この蔵では「白嶽(しらたけ)」という日本酒も製造しているが、島で主に飲まれているのは焼酎とのこと。昔はこの蔵の酒が島内の需要をまかなっていたが、酒流通の自由化により、九州の安い焼酎が幅をきかせるようになった。

製造

ツブロ式蒸留器【つぶろしきじょうりゅうき】

明治時代頃まで使われていた単式蒸留器。ツブロは粒露と書く。こしきの中に銅製で帽子形の装置(ツブロ)を置き、こしきの中で揮発した気体(焼酎)を集め、管を通って取り出すという構造になっている。カブト釜式蒸留器は薩摩以外でも使用されていたが、このツブロ式蒸留器は薩摩以外では見られなかったらしい。

飲み方・楽しみ方

爪かんかん【つめかんかん】

宮崎など南日本に残る酒席での風習。酒席の主催者といった人が杯を飲み干したあと、反対の手の親指に杯を「カンカン」と打ち付けて音を鳴らし、飲み終えたことを示して右隣の人に杯をまわす。その後、宴席全員に杯がまわっていく一連の作法のことをいう。まわし飲みという点では与論島の与論献奉や宮古島のオトーリに似ている。

原料

デーツ【でーつ】

ヤシ科の常緑樹で、主としてアジア・アフリカの乾燥地帯で栽培されている。果実は焼酎原料にも使うことができ、日本でも1軒だけ宮崎県の蔵でデーツ焼酎が造られている。

種類・銘柄

テキーラ【てきーら】

メキシコのハリスコ州地方で造られる蒸留酒で、スペイン人がメキシコを支配していた時代に造られ始めたとされる。竜舌蘭(リュウゼツラン)という植物から得た糖分を発酵させ単式蒸留器で2~3回蒸留されて造られ、ウォッカのように炭ろ過されたホワイトテキーラと樽熟成されたゴールドテキーラがある。

製造

手造り麹【てづくりこうじ】

麹室にて麹ぶたを使って手作業により麹を造ること。焼酎の場合、全自動あるいは半自動の機械で麹が造られるのが一般的であるが、鹿児島県や熊本県球磨地方の一部の蔵では昔ながらの手造り麹による手法が残されている。

飲み方・楽しみ方

電気ポット【でんきぽっと】

最近の高機能電気ポットは細かな温度設定ができるようになっている。本格焼酎は熱々のお湯で割って飲むよりも、少し低めのお湯で割った方がまろやかな美味しさになる。電気ポットの機能に70度の温度設定があるものは、焼酎のお湯割りにはもってこいでしょう。

料理・飲み物

天然水【てんねんすい】

今では普通にスーパーでも売られるようになった天然水は特定水源の地下水が主で、物理的・科学的な熱処理を行わない水のこと。天然水黎明期の1990年初頭に流れていたCMを今でも覚えている方も多いのではないでしょうか。

成分

デンプン【でんぷん】

多糖類のひとつで、無味無臭の白色粉末。植物の光合成によって生成され、種子・根・地下茎などに貯蔵される。酒造りの場合は穀類に含まれるデンプンを麹の酵素によって糖化し、デンプンから分解されたブドウ糖を酵母によってアルコールと二酸化炭素に変え、酒が造られる。

原料

糖液【とうえき】

サトウキビやテンサイを搾って抽出された搾汁から不純物を除いた液体。黒糖（含蜜糖）はこれを濃縮して作る。

製造

糖化【とうか】

穀類に含まれるデンプンが麹や麦芽などに含まれる酵素によって糖類に変化すること。この糖分が酵母の発酵酵素によってアルコールに変換される。焼酎の場合は、原料をまず蒸すことで米や麦、芋を糖化されやすくし、そこに麹の作用によって糖化されてゆくという流れとなる。

人物

杜氏【とうじ】

酒造りの最高責任者。昔は焼酎造りの季節になると杜氏が同じ集落の人（蔵子）を引き連れて各地の蔵元へ出稼ぎに行き、焼酎造りに従事していた。焼酎杜氏を輩出していたことで有名なのは、二大杜氏集団である鹿児島県旧川辺郡笠沙町（現南さつま市）黒瀬地区の黒瀬杜氏や、旧日置郡金峰町（現南さつま市）阿多地区の阿多杜氏で、酒造りの技はそれぞれの地区の杜氏が先輩杜氏にならって継承されていた。日本酒、焼酎造りに従事する蔵人の多くは農村や漁村出身の季節労働者が多かったが、現在は雇用形態の変化とともに特定の地域出身の杜氏のなり手が少なくなり、杜氏職はそれぞれの蔵元の従業員が務めるようになっている。

成分

糖質【とうしつ】

アルコール発酵の際に必要となる成分。焼酎の場合、穀物原料のデンプンを麹の酵素によって糖質（ブドウ糖）に変え、次にブドウ糖を酵母の作用でアルコールを発生させる。そうしてできたもろみを蒸留させて焼酎ができあがるのだが、できあがった焼酎の成分は99％以上が水とエチルアルコール（エタノール）でできており、糖質は一切入っていない。

雑学

糖質ゼロ【とうしつぜろ】

焼酎は蒸留によってアルコールとわずかな香味成分を取り出した酒なので、もろみ中に含まれていた糖質は焼酎には含まれていない。「お酒は飲みたいけど糖質の摂りすぎには気をつけたい」という方に焼酎はオススメ。ただし、一緒に食べるおつまみのカロリーには気をつけて。

飲み方・楽しみ方

豆乳割り【とうにゅうわり】

筆者（金本）が個人的に好きな焼酎の割り方。牛乳よりも甘みは控えめ、かつ大豆の風味を口の中で堪能しつつほろ酔いになれます。甲類焼酎や減圧蒸留の本格焼酎を使うのがおすすめ。

雑学

糖尿病【とうにょうびょう】

血糖値が慢性的に高くなる病気。糖尿病になるとインスリンの量が減ったり働きが弱くなったりして血糖値が高くなる。これが長期間続くと全身の血管に障害を引き起こして、失明、腎不全、足の切断など生活に支障をきたすような合併症や、心筋梗塞や脳梗塞にかかるリスクが高まる。適度な飲酒は糖尿病の発病に抑制的に働くと考えられているが、多量飲酒は逆に発病の危険性を高めるので注意が必要。

容器

胴貼りラベル【どうはりらべる】

酒名が書かれているメインのラベル。現在は紙質や形状にもこだわりのあるラベルが増えてきたが、機械で貼ることができない特殊な形状の場合は手作業で貼ることになってたいへんである。また、和紙やざらついた紙質だと輸送中にラベルがはがれたり傷ついたりするのも難儀。

料理・飲み物

豆腐よう【とうふよう】

沖縄の島豆腐を紅麹、泡盛を用いて発酵熟成させた沖縄の郷土食品。もともとは宮廷料理としてたしなまれた珍味で、熟成チーズや濃厚なウニのような独特な味わいは泡盛好きにはたまらない。ちなみに紅麹漬けが一般的だが、白麹で漬け込んだ白い豆腐ようもある。

容器

透明瓶【とうめいびん】

現在の一升瓶は酒を紫外線から守る茶瓶が主流だが、1980年代頃までは茶瓶のほかに透明瓶も使われていた。この一升瓶は、現在ではほとんど姿を消したが、にごり焼酎の中身が見えやすくするようにだったり、復刻版焼酎でレトロ感を演出するためにこの透明瓶が使われることがある。

地理

徳之島【とくのしま】

奄美諸島のひとつで、奄美大島と沖永良部島の中間にある島。サトウキビ栽培が盛んで、闘牛も有名。島で黒糖焼酎を造るのは奄美酒類(株)。5軒の焼酎蔵からなり、昔は5軒の蔵にもそれぞれの銘柄があったが、今は共同瓶詰化により統一銘柄「奄美」として出荷されている。

容器

徳利【とっくり】

口の部分が狭く、下部がふくらんでいる酒器。昔の徳利は一升～三升と大きく、酒や調味料、穀物などを保管するための容器として使われていた。それが一般民衆に燗酒が広まった江戸時代中期以降から小型化し、徳利ごと燗をさせる習慣が始まったそう。今では陶器からガラス製まで、河童の形や瓢箪型などいろいろな形の徳利がある。

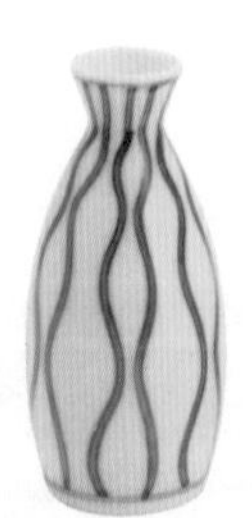

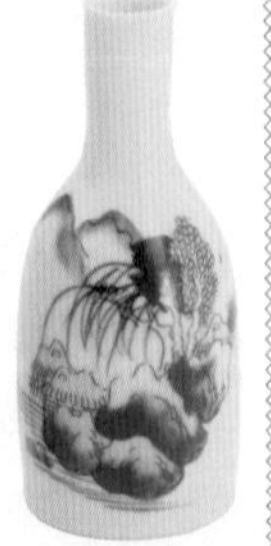

場所

徳光神社【とっこうじんじゃ】

「とっこう神社」と読む。江戸時代に琉球よりサツマイモを伝来させた前田利右衛門が祀られた神社。

社会・民俗

土葬【どそう】

遺体を火葬せずに直接埋葬すること。火葬場のない与那国島では地中に直接埋葬するわけではないが、今でも一部昔ながらの埋葬法がとられ、その際に花酒が使われている。まず遺体を埋葬する際に花酒二本を石の墓の中に入れ、7年後に花酒で遺骨を洗って清め、最後に花酒をかけた骨に火をつけて燃やし、遺灰にして再び墓の中に収める。もう一本の花酒は集まった人たちが故人をしのびながら飲んだり、故人が数年かけて育てた薬と見立てて体の悪い部分に塗るなどして使う。このように花酒は島の生活になくてはならない酒として守り継がれている。

種類・銘柄

トマト焼酎【とまとしょうちゅう】

じつはトマトも本格焼酎の原料として認められている。長野の蔵元でトマト焼酎が造られているが、トマトだけでは発酵が難しいので、米と米麹で発酵させてトマトは副原料として使用されている。

料理・飲み物

豚骨料理【とんこつりょうり】

南九州～沖縄の郷土料理。ぶつ切りにした豚の骨つきあばら肉を使い、煮る時に焼酎や泡盛を加えて麦味噌で煮るのがポイント。こってりとした甘口で、コラーゲンたっぷりの郷土料理。もちろん焼酎や泡盛のアテに最適。

製造

どんぶり仕込み【どんぶりしこみ】

酒を造る際、原料のすべて（麹、主原料、水）を一度に仕込む方法。大正時代まで行われていた方法であるが、この方法だともろみが腐造することが多く、さまざまな試行錯誤を経て、焼酎の場合はまず麹と水でもろみ（酒母）を造り、その一次もろみに主原料（芋や麦など）を加える二段階の方式がとられるようになった。沖縄の泡盛は昔から一段（どんぶり）仕込みで、これは全麹仕込みだからこそできる製法である。

地理

長崎県【ながさきけん】

九州の北西に位置する県で、五島列島や壱岐島、対馬など数多くの島を持つ。長崎県は壱岐島と本土側で飲酒文化が少し違う。壱岐島は麦焼酎発祥の地といわれ、今でも麦焼酎造りが盛んで島内の消費も多い。対照的に長崎県の本土側の酒蔵は清酒との兼業も多いためか、焼酎製造はあまり盛んではない。とはいえ本土側でも麦焼酎は飲まれており、壱岐島の樽貯蔵焼酎がよく飲まれているようだ。

飲み方・楽しみ方

ナカとソト【なかとそと】

「ナカ」は焼酎、「ソト」はホッピーやお茶などの割り材のこと。居酒屋で焼酎のホッピー割りを飲み終え、瓶にホッピーがまだ残っている場合は「ナカください」と頼むと焼酎だけおかわりできる。ホッピーだけほしい時は、店員にホッピーの瓶を指して「ソトください」で通じる。

料理・飲み物

鍋料理【なべりょうり】

冬の定番・鍋料理。一般的には出汁や水と一緒に日本酒を入れたりするが、焼酎を使ってもまた違う美味しさになる。豚肉や鶏肉を使った鍋で、一人前の場合、90 ccの焼酎に対し水や出汁360ccで割って野菜と一緒に煮込むと肉の旨味が引き立つ。魚介系ならば米焼酎や減圧蒸留の麦焼酎、肉類ならば黒糖焼酎や減圧蒸留の芋焼酎を用いて作ると九州っぽい味わいになります。

料理・飲み物

生ホッピー（樽ホッピー）

【なまほっぴー（たるほっぴー）】

ホッピーといえば瓶タイプが主流だが、生ホッピー（メーカー正式名称：樽ホッピー）は瓶タイプと違ってクリーミーな泡となめらかな味わいが特徴。この生ホッピーはどこの居酒屋でも取り扱えるわけではなく、メーカーが提示する条件をクリアし認められないと取り扱うことができないため、じつは生ホッピーは希少な飲み物。その条件とはホッピー、焼酎、ジョッキをあらかじめ冷やしておく「三冷」や、焼酎とホッピーの正しい割合を守り、サーバー管理をしっかりする、などがある。提供するからにはきちんとした管理の下にお客様においしく飲んでほしいというメーカーの気持ちが伝わってきます。

飲み方・楽しみ方

ナンコ【なんこ】

鹿児島県と宮崎県南部で古くから伝わる酒席のゲーム。ナンコ珠（だま）とよばれる長さ10 cmほどの角棒とナンコ盤を用いる。盤はなくてもよい。2人で行ない、互いにナンコを片手に隠し持ち（3本以内）、ナンコを隠した手を出し合ったあと、相手が持っている本数を言い当てたり、双方合計の本数を言い当てる。負けた方は罰として焼酎を飲まされる。

原　料

軟水【なんすい】

WHO（世界保健機関）の基準で硬度0～60 mg/L未満の水のこと。硬度の高い水と比べると、あっさりとしていて透明感があり飲み口は非常に軽い。軟水で酒を造ると軽めのやわらかな酒質になりやすい。焼酎を飲む時に軟水で割ると口あたりが軽くなるので、さっぱりと飲みたい時におすすめ。

地　理

新島【にいじま】

伊豆諸島にある人口2800人ほどの島。大島とほぼ同じく、特産は明日葉やクサヤなどの水産加工品など。昔は木造の古い家屋が多かったが、島特産のコーガ石を加工して造られた石造りの家と塀のある街並みが独特の風景を作っている。島には1軒だけ焼酎蔵があり、看板銘柄は「嶋自慢（麦）」。以前は樫樽貯蔵製の麦焼酎がよく飲まれていたが、最近は「七福 嶋自慢（芋）」も人気。また、「嶋自慢」を造る（株）宮原では「しきね（芋）」という銘柄も造っており、式根島で飲まれている。

種類・銘柄

二階堂【にかいどう】

「いいちこ」とともに大分を代表する、二階堂酒造の麦焼酎。昭和を代表する麦焼酎として有名。大分県の民話に登場する主人公の名前がつけられた同蔵の熟成焼酎「吉四六」も変わらぬ人気。多くの酒場や和食屋の棚にキープボトルとして並んでいる光景が今でも見られます。

写真提供／二階堂酒造

成分

にごり【にごり】

「にごり」というと日本酒のにごり酒のようなどろどろした状態を思い浮かべるが、焼酎の場合はあくまでほんのりとした白濁である。焼酎のにごりの正体は「焼酎油」という旨味成分で、特に蒸留直後は白くにごっていることが多い。蒸留後数か月たつとこの成分が焼酎に溶けて澄んでくるが、気温が低いとワタ状に固まってふわふわと表出する場合がある。一見ゴミが浮かんでいるようなのでクレームがくることも。瓶ごと振ったり、お湯割りにすると消える（消えない場合もある）。もちろん体に有害な成分ではないので、気にせず楽しんでほしい。

製造

二次仕込み【にじしこみ】

麹と水、酵母から仕込んだ一次もろみに芋や米、麦、黒糖などの主原料を加える工程のこと。サツマイモは蒸してから砕いて加えられ、米や麦は蒸してから、黒糖は溶かしてから二次仕込みに使われる。主原料を入れてから10日くらい発酵させて蒸留となる。

写真提供／大海酒造（株）

製造

25度【にじゅうごど】

甲類焼酎、乙類焼酎ともに一般的なアルコール度数。しかしながら乙類焼酎の場合、20度と25度ではその風味は明らかに変わる。穀類の旨味を感じながらたしなむことのできるのは25度の方かもしれない。

製造

20度【にじゅうど】

焼酎は一般的には25度のものが流通しているが、宮崎県で飲まれる本格焼酎は20度が主流。九州以外ではあまりお目にかかれない、レアな焼酎文化といえる。ちなみに宮崎県で20度の焼酎が普及したのは、戦後、宮崎県内で横行していた密造焼酎への対抗策として20度焼酎の製造が認められ、税率が安く設定されてからだといわれている。

原料

二条大麦【にじょうおおむぎ】

大麦は、穂に小花が六条に並んでつく六条種と二条に並んでつく二条種に分類される。二条大麦は粒が大きいためビールや焼酎など酒の原料になることが多い。西日本で多く栽培されている。

製造

二度蒸し【にどむし】

麹にタイ米を使用する場合に行われる。タイ米は硬質米で吸水率が低いため、2回にわたって米蒸しをする必要があるためである。

地 理

日本【にほん】

島国である日本では弥生時代の頃から稲作が始まり、同時に米で造った酒もあったと推測されている。その後、中国大陸や東南アジア方面から蒸留技術が伝わり、16世紀には薩摩地方で米焼酎が造られ庶民にも知られていたという記録がある。しかし米は貴重だったため、救荒作物であるサツマイモや雑穀、酒粕などでも焼酎が造られるようになり、その土地に合った焼酎造りが九州～南西諸島を中心に広がっていった。

種類・銘柄

日本酒【にほんしゅ】

清酒ともいう。日本特有の醸造酒で、米を原料としてもろみを発酵させ、最後は「濾す」という工程が必ず入る。できたばかりの原酒はおよそ18%前後のアルコール度数で、これを一般的に15%くらいまで加水して出荷する。米の精米率や製法によって名称が分類され、米のみで造られた純米酒系と、醸造用アルコールを添加した本醸造系に大きく分けられる。

社会・民俗

日本酒造組合中央会

【にほんしゅぞうくみあいちゅうおうかい】

法律に基づき、酒税の保全及び酒類業の取引の安定を図ることを目的として設立されている。酒類業界の発展のためにさまざまな事業やサポートや指導を行ってくれる。

社会・民俗

日本蒸留酒酒造組合

【にほんじょうりゅうしゅしゅぞうくみあい】

日本全国の甲類焼酎のメーカーをたばねる酒類業組合。本部は東京の日本橋にあり、そのほか全国にいくつか支部がある。1972年に焼酎甲類と原料用アルコール、合成清酒の組合が合併し日本蒸留酒酒造組合が設立された。甲類焼酎や合成清酒の普及活動や、メーカーが公正な取引のもとに適正な利潤をあげられるようなサポート、酒税に関する国との折衝などを行っている。

雑 学

尿酸値【にょうさんち】

エネルギー代謝や新陳代謝により体内で作られるプリン体が体内で分解され、最終的にできる老廃物が尿酸。尿酸値が高いと高尿酸血症や痛風になるリスクが高まる。尿酸値を下げるには運動やバランスのとれた食事が基本で、牛乳や乳製品、ビタミンCを多く含む食べ物がよいとされ、利尿作用のある緑茶、コーヒーなどもおすすめ。水分も積極的に摂り、逆に果糖や白砂糖を含む甘い飲み物や食べ物は控えめにするといい。また、酒はプリン体ゼロをうたっていてもアルコールそのものに尿酸値を上げる作用があるので、飲みすぎには注意。

原 料

農林二号【のうりんにごう】

昭和初期に栽培されたサツマイモの品種。皮色は黄白色で中味は淡い黄色。収量およびデンプン歩留りはともに高く、昭和40年代までは焼酎用原料としても広く使われていたが、その後、コガネセンガンの普及にともない栽培されなくなった。近年では幻となったこの品種を復活し、芋焼酎にする蔵元が出てきている。

飲み方・楽しみ方

飲み方【のみかた】

本格焼酎の飲み方は、九州ではお湯割りや水割り、沖縄では水割りかロック。それ以外の地域はロックや水割りが多いようです。温めれば素材の甘味や香りが立ち、冷やせばキリッとした口あたりとほんのりとした甘味を感じられる。詳しくは「焼酎の美味しい飲み方」（p. 36）コラムをご覧あれ。

飲み方・楽しみ方

飲み口【のみくち】

焼酎は基本的に温度帯で飲み口が変わってくるが、シチュエーションや食べ合わせ、流れているBGM、年齢や性別、気分などによっても飲み口は変わる。旅行先で飲む焼酎と自宅で飲む焼酎、飲み口がなんだか違う感じがするのはこのため。

種類・銘柄

海苔焼酎【のりしょうちゅう】

海苔から焼酎？と思われる方も多いと思うが、海苔も本格焼酎として名乗ることのできる原料のひとつ。現在は福岡県、福島県の蔵で海苔を使った焼酎が造られている。発酵の主体は米や米麹なので、海苔は風味づけといった感じで使われている。

料理・飲み物

ノンアルコール酎ハイ

【のんあるこーるちゅうはい】

ソフトドリンクと似て異なる、チューハイみたいな味わいの飲み物。もともとお酒が飲めない人のため、というよりもこれから車に乗る、仕事に行く、健康上の理由で飲めなくなった、けれども「お酒味の飲み物が飲みたい」というニーズに応えて開発された。市販のチューハイからアルコール分を抜いただけでなく、酸味や果実感を足したり引いたりして味にメリハリをつけているので、意外と遜色なくチューハイの味に近いものとなっている。

原 料

ハーブ【はーぶ】

薬草や料理、香料、保存料として用いられる。甲類焼酎にレモングラスやカモミールといったハーブ類を浸してリキュールを作ったり、甲類焼酎や本格焼酎の副原料としてハーブが使われることもある。

製 造

廃液【はいえき】

焼酎製造後に残るかす（粕）。日本酒の粕はもろみを搾ったあとに残る白い固形物であるが、焼酎の場合は蒸留かすなので液体である。どろどろはしていない。臭いがきつく、放置するとかなり悪臭を放つ。昔は川や下水にそのまま流したり、海洋投棄などされていたが、環境的に問題となったため現在は禁止されており、今は専用の施設で処理されている。

種類・銘柄

ハイカラ焼酎【はいからしょうちゅう】

1910年代に発売された新式焼酎（甲類焼酎）が当時「ハイカラ焼酎」とよばれた。愛媛県宇和島にある日本酒精（株）が開発した新式焼酎「日の本焼酎」が始まりとされている。芋を原料とし連続式蒸留で造られた新式焼酎だが、これだけだと味がないため、味付けのために粕取焼酎が少量ブレンドされて商品化された。ほんのり味わいがありながら軽快な飲み口のハイカラ焼酎は当時一躍人気となったという。

料理・飲み物

ハイサワー【はいさわー】

焼酎の割り材として有名なハイサワー。創業1928年（昭和3年）という長い歴史を持つ博水社は、戦前の品川区大崎の小さい工場でラムネやジュース、サイダーの製造から始まった。1980年代、焼酎と割り材のブームが到来。「お客さん、終点だよ」というCMで一躍ハイサワーという名前が世の中に広まり、今もなお人気は続いている。ちなみにハイサワーという名前の由来は「吾輩が作ったサワー」からである。

写真提供／（株）博水社

コラム

「くさい焼酎はどこにある？」

「くさい芋焼酎ってありますか？」

試飲会などのイベントでよく聞かれる言葉だ。特に最近芋焼酎ファンになった方や40代以上の方に多い。

「昔の芋焼酎はくさかった」とよく言われる。筆者（沢田）も学生時代（1990年代初頭）、初めて鹿児島で飲んだ「さつま白波」はすごく「くさかった」記憶がある。昔のこととはいえ、今の芋焼酎とはかなり違う風味だったのは、今でもおぼろげに覚えている。

芋焼酎の「くさみ」の大きな要因は、芋傷み臭と油臭によるものである。昔は芋が傷んでいても普通に仕込みに使っていたし、蔵内も今と比べれば清潔に気を配っているとはいえず、麹やもろみの管理も今よりずいぶん奔放だった。さらに蒸留もかなり最後の方までアルコールを取っていたので末垂臭もしたし、油臭もした。そしてさらに、当時は透明瓶に詰められて出荷されていたため、商品の配達中、あるいは納品先で直射日光の当たる日なたでしばらく放置されると、日光によっても焼酎は変質する。こうして「くさい焼酎」はできあがった。

なぜ昔は傷んだ芋を使い、アルコールを最後まで搾り取るような蒸留をしていたのか。それは、昔の杜氏は「できるだけ原料を歩留りよく使い、できるだけ多くのアルコールを収得する」ことが会社で良い評価を得ていたからである。もちろん美味しいことに越したことはない。つまりこれは経営者的な都合なのであるが、これが当時の酒造りに対する一般的な姿勢であった。

しかし、焼酎の地元消費が伸び悩み、県外にも販路を得たい業界は、評価の基準を消費者目線で考えるようになる。そうして「芋くさい」原因を研究した結果、原料の質や製造技術の向上などにつながり、今の焼酎ができあがったのである。

今は、昔のような「芋くさい」と言われる焼酎はほぼなくなったといえる。なので、焼酎好きが「昔みたいな芋くさい焼酎造ってくださいよ」とリクエストしても、昔みたいな粗悪な造りはもうできないのだ。とはいえ、今の製造技術の中でできるだけ芋らしい香味を出そうと努力している蔵は多い。が、それは昔の「芋くさい焼酎」とは違うものだ。

結局、飲み手の望む「芋くさい焼酎」はノスタルジーによる幻影であり、ファンタジーの世界にしか存在しないものなのかもしれない。

料理・飲み物

バイスサワー【ばいすさわー】

バイスサワーって大衆酒場でよく見るけど、バイスって何? バイスは「梅酢」からきており、東京の大田区で古くからラムネやカキ氷用シロップ、子供用シャンパン(シャンメリー)などを製造する(株)コダマ飲料が開発した商品。シソや梅風味のさわやかな味わいで、レトロ感あふれる焼酎の割り材。

写真提供/(株)コダマ飲料

原料

焙煎麦【ばいせんむぎ】

香ばしい風味を付与させるため焙煎した麦。麦茶や黒ビール、スタウトビールにも焙煎麦が使われている。焙煎麦焼酎は蒸留しているので無色ではあるが、通常の麦焼酎よりも焦がし麦やコーヒーのような香りと深い味わいが出る傾向になる。九州のいくつかの蔵で焙煎麦を使用した焼酎が造られている。

種類・銘柄

白酒【ぱいちゅう】

中国原産の蒸留酒。製法は産地によって異なるが、代表的な白酒の種類である高粱(コーリャン)酒の製造法は、まず麦やエンドウなどを水と混ぜて餅状やレンガ状に固めて曲(餅麹)を造り、次にこの曲と蒸した高粱を混ぜて地面に掘った穴に入れて土をかぶせる。すると土の中で発酵が始まるので、数週間したら蒸溜する。この餅麹と固体発酵という方法が中国の蒸留酒の特徴である。アルコール度数は50%くらいのものが多い。

料理・飲み物

ハイッピー【はいっぴー】

ハイサワーで知られる博水社から発売されている、ホップとレモンで仕上げた炭酸飲料。レモンビアテイストとクリア&ビターの2種類がある。焼酎にハイッピーを注ぐとさわやかなレモンビア風の飲み物に。焼酎(またはウォッカ)が1に対しハイッピーが3または4になるような割合がオススメ。

写真提供/(株)博水社

原料

廃糖蜜【はいとうみつ】

甲類焼酎(原料アルコール)の原料のひとつで、砂糖を精製したあとに残る黒くどろどろした液体。廃糖蜜はまだ糖分を含んでいるため、甘味料やアルコールの原料に再利用されている。

飲み方・楽しみ方

ハイボール【はいぼーる】

→「角ハイボール」(p.56)
「焼酎ハイボール」(p.104)

社会・民俗

白色革命【はくしょくかくめい】

「ホワイト革命」に同じ →「ホワイト革命」(p.155)

社会・民俗

バクダン【ばくだん】

第二次大戦後の混乱にまぎれ軍需物資の横流しや放出によって闇市に流れた密造焼酎。戦時中に造られた工業用・燃料用アルコールを水で割ったもの。サツマイモなどが原料のアルコールではあるが、飲用にできないようにガソリンやメチルアルコールが混ぜられていた。強烈な味もさることながら、コップの表面に浮いてきた微量の油に火をつけるとガソリンだけ燃やすことができたことから、バクダンとよばれるようになったといわれている。この密造焼酎を飲んでメチル中毒により失明や命を失った人も多く、飲むことさえ命がけであった。

原料

破砕米【はさいまい】

食用米を砕いた米で加工用米ともいう。90%程度に精米した加工用米は多収で価格が安いため、破砕することで食用への転用を防ぐ目的がある。菓子や食品に使われるほか、破砕米は麹菌がつきやすく焼酎麹を造るのに向いているため、焼酎造りにも使用されている。

製造

柱焼酎【はしらしょうちゅう】

江戸時代、清酒もろみに米焼酎や粕取焼酎を加えることでアルコール度数を高め、もろみの腐造を防ぐ効果をねらった製造方法。今の醸造用アルコール添加の清酒（アル添酒）の原型ともされるが、現代はアルコールを添加しなくても腐造が防げる技術があるため、今のアルコール添加は昔とは目的が違ってきている。近年、もろみに米焼酎を添加して柱焼酎を再現した清酒もあるが、今の酒は雑味が少なくきれいな酒が多いため、たいていは米焼酎の香味が清酒の味に少なからず影響してしまっている場合が多い。昔のように甘く重く木香も強い濃醇な清酒であれば、米焼酎を添加してもそれほど目立たなかったであろう。

製造

破精【はぜ】

麹菌が米に繁殖すること。米の内部に向かって菌糸が食い込むことを「破精込み」といい、繁殖状態には大きく分けて「突き破精（つきはぜ）」「総破精（そうはぜ）」がある。「突き破精」は麹菌が米の中心に向かって入り込んでいる状態で、米の表面に見える破精まわり具合はまだら。淡麗で香りのある日本酒などに使われる。一方、米の表面全体ならびに内部に破精がまわっているのを「総破精」といい、濃醇な日本酒を造る際に用いられる。焼酎の場合は一般的に「総破精」で麹が造られる。

地理

八丈島【はちじょうじま】

東京の伊豆七島で、伊豆大島に次いで大きい人口7500人の島。歴史的には1853年に薩摩の流人・丹宗庄右衛門がこの島に芋焼酎の造り方を伝えたとされている。現在は麦焼酎が主流だが芋焼酎も造られている。島の芋焼酎は九州とは違って、麹を米ではなく麦で造るのが特徴。現在は4軒の蔵元が焼酎を製造しており、八丈興発（情け嶋）、樫立酒造（島の華）、坂下酒造（黒潮）、八丈島酒造（八重椿）といった蔵元がある。島では「情け嶋」「島の華」あたりがよく飲まれてはいるが、島の人々は味に敏感で、数年おきに人気の銘柄が入れ替わるようだ。

製造

発酵【はっこう】

微生物がある物質をほかの有用な物質に変換すること。逆に人にとって好ましくない物質に変わることは腐敗という。焼酎や日本酒の場合は、発酵によりデンプンは糖分に、糖分はさらに分解されてアルコールに変換される。

製造

初垂【はつだれ】

「初留」に同じ→「初留」(p.106)

雑学

ハッピ(法被)【はっぴ】

時代劇では武士や職人、火消しが着ているイメージのハッピだが、現在では祭りの際や職人などが着ていることが多い。蔵元が着るハッピには背中や表の襟に銘柄などを載せることが多い。雑誌やテレビなどで映し出される酒造りの風景では蔵人がハッピを着ているが、実際には着て作業はしない。酒の会などでお客さんが蔵元にハッピを無償でねだる光景をたまに見るが、ハッピはTシャツやポロシャツと違って価格が高いのでそう簡単にはゆずれない。

地理

波照間島【はてるまじま】

日本最南端の有人島。人口およそ500人の小さな島で、モチキビやサトウキビの栽培のほか、牛やヤギの放牧が盛ん。土壌のおかげで良質のサトウキビが採れるため、島産の黒糖が有名。石垣島からの便もよいので観光客は多いようだが、観光地化はほとんどされておらず、畑と放牧場だけの素朴な風景が広がっている。島の泡盛「泡波」(波照間酒造所)は小さい蔵で造られているため、島内でもほとんど見ることのできない銘柄。島の人でも手に入れにくいため、島では泡波以外の泡盛も飲まれているようだ。ただし、売店にはたまにしか入荷しないが民宿では普通に飲めるので、島に行くなら宿泊するのがおすすめ。

容器

鳩燗(鳩徳利)【はとかん(はととっくり)】

鳩の形をした酒器。尻尾がすぼんでおり、囲炉裏や火鉢などの灰の中に差し込んで酒を温める。宮崎県の伝統的な酒器だが、昔は全国どこにでも普及していたようだ。

種類・銘柄

はと麦焼酎【はとむぎしょうちゅう】

ハトムギはさまざまな成分が美容と健康によいとされ、化粧品やサプリメントの原料として利用されている。西日本のいくつかの蔵でハトムギ焼酎が造られており、生産量の多い栃木県からハトムギを取り寄せて九州の蔵元が造る場合もあるようだ。

原 料

花酵母【はなこうぼ】

東京農業大学の中田久保教授が世界で初めて花の蜜から酵母を分離させたのが始まり。日本酒や焼酎の仕込みにも使え、ナデシコ、ツルバラ、ミカン、シャクナゲ、カーネーション、ヒマワリ、コスモス、マリーゴールドなどなど、現在では十数種類の花酵母が実用化されている。焼酎の場合、この酵母でもろみを醸し減圧蒸留させると華やかな香味になる。とはいえ、もとの花の香りがするかというとそれは難しいようだ。熊本県球磨郡あさぎり町の高田酒造場ではさまざまな花酵母を用いた米焼酎を造っている。

種類・銘柄

花酒【はなざけ】

沖縄の与那国島で造られる、アルコール度数60%の蒸留酒。造り方は泡盛と一緒だが蒸留初期のアルコール度の高い部分を集めたもので、アルコール度数45%を超えるものは泡盛と表示できないためスピリッツに分類される。瓶をクバで巻いた民芸調の花酒はお土産用としても人気だが、もともとは沖縄で冠婚葬祭の際にお清めで使われていた酒である。とくに埋葬の際に花酒が使われているのが興味深い。

製 造

ハナタレ【はなたれ】

「鼻たれ」とは違う焼酎用語。
「初留」に同じ→「初留」(p.106)

表 現

バニラ香【ばにらこう】

バニラを思わせる甘い香りのことで、正体はバニリンという成分。内側を焦がした樽で熟成させたバーボンなどにバニラ香を含む複雑な香りが感じられ、熟成された焼酎や泡盛でも感じることがある。あくまでいくつかの特殊な条件を経て、かつ熟成された蒸留酒に感じる香り。

成 分

バニリン【ばにりん】

バニラの香りの主体となる有機化合物で、香料としても使われている。バニリンの生成はまず穀物の外皮に含まれるヘミセルロースが麹菌の生成する酵素の作用によってフェルラ酸が遊離されるところから始まる。そのフェルラ酸は醸造中の酵素や酵母、蒸留時の熱によって4-VGに変換され、さらに貯蔵中の化学変化によって4-VGがバニリンに変換されるという過程をたどる。

種類・銘柄

ハブ酒【はぶしゅ】

焼酎や泡盛にハブを漬け込んだ薬味酒。奄美や沖縄で造られており、滋養強壮にいいらしい。容器は梅酒を漬けるのにも使われる広口瓶で、この瓶がズラッと並んで貯蔵されている光景は圧巻である。

原料

散麹【ばらこうじ】

米や麦などの粒状の穀物に糸状のコウジカビを生やしたもの。東～東南アジアに広がる麹文化の中で酒の醸造に散麹を使うのは日本だけである。ちなみに中国の酒には餅麹という、穀類を水で混ぜて餅状やレンガ状に固めたものにクモノスカビを生やしたものが麹として使われている。

社会・民俗

ハレの日【はれのひ】

一般的には「節目の日」「おめでたい日」と認識されていると思うが、もともとは祭礼や年中行事といった非日常に位置する日をハレの日という。ハレの日には特別な食事と酒がつきもので、そんな時は会場で食事をしたり、普段行かないような店に行って外食したりするのではないだろうか。そしてたいていついてくるのが酒である。九州や沖縄では酒の振るまわれる場には必ずといっていいほど焼酎（泡盛）が用意されており、祭礼で奉納される酒も日本酒ではなく焼酎（泡盛）というところが南日本では一般的である。

種類・銘柄

ビール【びーる】

麦芽を主原料としてアルコール発酵させた飲料。起源については諸説あるが、メソポタミア文明の初期・シュメール文明のおこった紀元前3500年頃にはすでにビールが飲まれていたらしい。当時のビールの製法は、焼いた麦製のパンを砕き水を加えて自然発酵させるという方法。保存性を高め、香味や泡立ちをつけるためのホップは紀元前6世紀頃のバビロニア王国時代にはあったとされている。日本では江戸時代末期に初めて造られ、明治20年頃には各地にビール工場がいくつも建てられたという。

雑学

ひげ文字【ひげもじ】

毛筆書体のひとつ。筆のかすれを強調表現したものがヒゲに見えることからヒゲ文字とよばれ、力強さや躍動感が伝わってくる書体である。江戸時代にはあった書体であるが、ヒゲ文字で書かれた酒のラベルは昭和期に多く、今でも一部の酒ファンに根強い人気がある。ただ現代にそのようなラベルがなくなってしまったのは、一説には昔のようなヒゲ文字が書ける職人がもういないからといわれている。

ひげ文字

容器

提子【ひさげ】

急須に似た酒器で、鉉(つる)と注ぎ口がついていて盃に酒を注ぐのに使う。提子は今では神事の時くらいしか見ることはないが、この提子に似た酒器であるちょか(鹿児島)やガラ(熊本)、カラカラ（沖縄）は今でも日常的に使われているのがおもしろい。

種類・銘柄

菱焼酎【ひししょうちゅう】

ヒシは普段あまり目にすることはないが、じつは水生植物。実にはデンプンが多く含まれており、ゆでるか蒸して食べると栗のような味がするため食用にされる。また、薬効成分があることも確認されている。焼酎の原料としても使われており、現在はヒシの栽培の盛んな佐賀県の蔵で製造されている。

表 現

左利き【ひだりきき】

酒飲み、いわゆる酒豪の人を「左利き」という。なぜ「左利き」か? 大工は木を削る時に右手に槌(つち)を持ち、左手にノミを持つ。このノミを持つ手→ノミ手が呑兵衛のことを指すようになったようだ。でも最近はあまりいわない。

飲み方・楽しみ方

ひとり呑み【ひとりのみ】

居酒屋のカウンターやバーで一人で飲む姿、シブくてかっこいいですよね。でも若いうちはなんとなく恥ずかしいもの。ひとり飲みデビューしたい方は、まず友達や会社の人と飲みに行って気に入った飲み屋から始めるのが無難です。あと、無事にひとり飲みできるようになったからといって、しつこいナンパは控えましょうね。

製 造

瓶詰め【びんづめ】

酒を製品化する際に瓶に詰める作業。今では機械詰めが一般的だが、小さい蔵では手作業で詰めているところもまだある。

成 分

フーゼル油【ふーぜるゆ】

本格焼酎の香りや旨味を形成する上で重要な成分で、発酵の際にタンパク質から分解されたアミノ酸から生成される。沸点が高いので常圧蒸留の場合はフーゼル油が焼酎に移行するが、減圧蒸留の場合は移行しない。「原料由来の香り」「くさい」などの表現はこの成分に由来する可能性が高く、この成分がほとんど移行しない減圧蒸留の場合はすっきりした軽い酒質になる。原料に含まれる脂肪酸に由来する油成分(焼酎油)も「フーゼル油」と称されることが多いが、正確には別物である。

表 現

風味【ふうみ】

本格焼酎には原料由来の香りや味わい、風味がある。芋焼酎ならばサツマイモの風味、麦焼酎ならば麦の風味、黒糖焼酎ならばサトウキビの風味、などなど。これら穀物の風味は普段なじみがないものなので、慣れない人には好き嫌いが分かれるが、いったんはまると抜けられない。自分好みの風味を探求するのも焼酎のおもしろさのひとつでしょう。

飲み方・楽しみ方

フェス【ふぇす】

今では一般的になった「フェス」という言葉はもちろんフェスティバルの略。飲食関係のフェスは屋内外の大きな会場で仮設のブースや店舗を設営して食事や飲み物を販売・提供している。有名なものに肉フェス、B級グルメフェスなど。日本における酒関係のフェスで有名なのは、国内最大級の日本酒フェス「にいがた酒の陣」や「オクトーバーフェスト」というドイツ由来のビールの祭典など。ちなみに焼酎のフェスは鹿児島「焼酎ストリート」、宮崎「焼酎ノンジョルノ」、熊本「球磨焼酎100円フェス」、大分「蔵フェ酒」、沖縄「島酒フェスタ」、東京「東京焼酎楽宴」などがある。

成分

4-VG（4ビニルグアイアコール）

【ふぉーぶいじー(ふぉーびにるぐあいあこーる)】

4ビニルグアイアコール（4-VG）はバニリンの前段階とされる成分。焼酎泡盛を熟成させることでこの成分がバニラのような甘い香りのバニリンに変化する。熟成の際、瓶やガラスよりも陶器製の甕で貯蔵した方がこの成分の変化速度が早くなるという研究結果が出ている。

地理

福岡県【ふくおかけん】

ほかの九州北部の県と同様に清酒蔵が多い県。粕取焼酎も古くから造られていたが、現在では嗜好の変化により粕取焼酎の製造を続ける蔵はかなり少なくなってしまっている。焼酎の製造は麦焼酎がメインで、近隣の壱岐島（長崎県）の麦焼酎もよく流通している。

原料

伏流水【ふくりゅうすい】

山麓や河川の浅い地下にある砂れき層を流れる地下水。地中で自然のろ過が行われることによって水質が良好で安定しており、飲料水や酒造りにも使われる。

雑学

二日酔い【ふつかよい】

飲み過ぎた次の日、体のだるさや頭痛、吐き気や胸焼けなどの不調、まだ体内にアルコールが残っている感じ、これが二日酔い。原因はアルコールが分解されてできるアセトアルデヒド。酒を飲んでいる間は利尿作用などによって体内の水分がどんどん排出されてしまうため、肝臓がアルコールやアセトアルデヒドを分解する力が落ちて二日酔いの症状を引き起こすと考えられている。そのため、酒を飲む時は同時に水分を摂ることも心がけましょう。傍らにチェイサー（和らぎ水）を置いてたしなみたいものです。

種類・銘柄

ブランデー【ぶらんでー】

果実を発酵させて蒸留した酒。フランスのコニャックやアルマニャックに代表されるような、ブドウを原料にし樽で熟成させたものが一般的で、ほかにチェリーやリンゴなどの果実を使用したものもある。13世紀にスペイン人が錬金術の一環でワインを蒸留したのが始まりで、当時は薬として使われていた。この蒸留酒は「オードヴィー（生命の水）」とよばれていたという。その後、16～17世紀頃、ヨーロッパを襲った寒波や宗教戦争の影響で品質が落ちたワインを試しに蒸溜したところ評判になり、ブランデヴァイン（焼いたワイン）としてさらに普及していったといわれる。

成分

プリン体【ぷりんたい】

運動したり臓器を動かしたりするためのエネルギー物質。体内の細胞に核酸という物質があり、新陳代謝やエネルギー代謝によりこの核酸からプリン体が生成される。プリン体の7～8割は体内で作られ、残りは食事から摂取される。プリン体が過剰になると尿酸値の上昇だけではなく高尿酸血症や痛風などの発症にもつながってしまう。近年はプリン体ゼロの酒も開発されるようになり、また蒸留酒である焼酎もプリン体ゼロとうたわれているが、アルコール自体に尿酸を上げる作用があるので適度な飲酒を心がけたい。

雑学

プリン体カット【ぷりんたいかっと】

今はやりの「プリン体カット」の商品。痛風の予防のためにプリン体を除いた食品やお酒がずいぶんと開発されるようになった昨今。ビール系アルコール飲料ではプリン体カットの発泡酒、さらにはプリン体ゼロの日本酒まで出ている。焼酎は蒸留酒のため基本的にプリン体はゼロ。ホッピーもプリン体ゼロ。健康に気を遣う方には最強の組み合わせだが、やきとんやホルモン、あん肝や白子、タラコなど、プリン体の数値が高い食事や、糖質の高い食事を過剰に摂取すれば、自ずとプリン体ゼロにはならない。

表現

フルーティー【ふるーてぃー】

果物や花など、清酒でいうところの吟醸系の香りのことを焼酎でもフルーティーと表現する。低温発酵させた黄麹仕込みのもろみや、香り系酵母で仕込んだもろみを減圧蒸留した焼酎にこのような香りがつく傾向がある。焼酎初心者にとってなじみやすい味わいのものが多いのでオススメ。

雑学

プレミアム焼酎【ぷれみあむしょうちゅう】

メーカー希望小売価格よりも高い値段で販売される焼酎。ひどいものは定価の数倍の値段になることもある。需要と供給のバランスが崩れることが要因だが、たいていの場合、地酒業界に影響力のある人物（酒販店等）がある銘柄や蔵元に注目するところから始まる。その銘柄や蔵元が多くの飲み手の共感と評価を得て口コミとマスメディアによって噂が広がり、商品が入手困難となると人気はさらに加速度的に増してゆく。こうして価格のプレミア化が起こるのであるが、一度プレミア化した銘柄は長期にわたって神格化してしまう場合が多い。このプレミア酒は仕掛けようと思ってできるものではなく、市場の流れや時代の空気感、運によるところも大きい。ちなみにプレミア化した酒が最高に美味しいかというと、似たような酒はほかにもあるのが実際のところ。プレミア酒は人の噂と飲み手の過大評価と勝手な願望から生まれた幻影である。

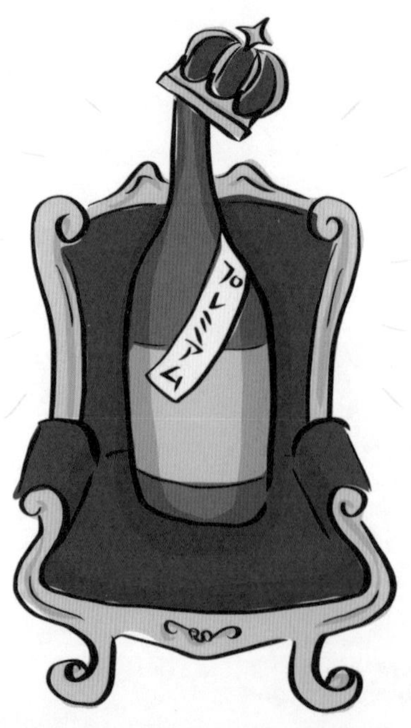

人物

ブレンダー【ぶれんだー】

出荷前に各タンクの原酒を混ぜ合わせて、目標とする味を作る技術者。蔵元によってブレンド担当は違うが、一般的に杜氏か、杜氏が信頼を置く人物が担当することが多い。感覚は人によって違うし、技術者の視点、消費者の視点も違うので、どのようなブレンドをしたら正解なのかという判断は非常に難しい。

製造

ブレンド【ぶれんど】

調合（ブレンド）に同じ　→「調合」（p.130）

成分

pH値【ぺーはーち】

pHは「ペーハー」または「ピーエイチ」と読む。酸性、中性、アルカリ性を表す数値で、1から14までの数値の中で7が中性、7より小さいと酸性、大きいとアルカリ性となる。日本の水道水は「5.8以上8.6以下」であることが規定されており、ミネラルウォーターは銘柄によってpH値はさまざまで、、鹿児島で有名な温泉水はpH8.0～9.9のアルカリ性。ちなみに割り材に使われる炭酸水は二酸化炭素が溶け込んでいるのでpH4.6前後の酸性である。

場所

BETTAKO【べったこ】

著者（金本）が店主を務める、1981年（昭和56年）創業の焼酎居酒屋。もとは池袋駅東口の繁華街にあったが、2018年にJR埼京線板橋駅の近くに移転。古い一軒家を改装し隠れ家的な店構えとなった。現在の店主（二代目）はその昔、九州各地の焼酎蔵を訪ね、焼酎の原風景を体感。その後、先代から店を継ぐことになる。こういった経験から有名銘柄はあえて置かずに現地の風景が見えるような銘柄を中心にそろえている。また甲類焼酎も研究を重ね、数年かけて生ホッピー（樽ホッピー）に合う甲類焼酎を探し出したという筋金入り。焼酎それぞれの銘柄がどうすれば一番美味しくなるか、焼酎に合う料理は何かを常に研究しており、焼酎に対する愛情とこだわりは、現在の焼酎居酒屋業界を見渡しても希有な存在。ちなみに東京都内や近郊に同店名が多く存在するが関係ない。

原料

紅芋【べにいも】

「赤芋」に同じ　→「赤芋」（p.33）

原料

ベニハヤト【べにはやと】

皮が赤く中味はオレンジ色のサツマイモの品種。カロチン含量はニンジンより多いが、デンプン歩留りは低いので芋焼酎原料としてはあまり使われていない。青果用のほかにペースト加工され、菓子原料に使われている。

表現

ヘビードランカー【へびーどらんかー】

酒豪、あるいは呑兵衛、あるいは毎晩飲まずにはいられない人、一日中飲まずにはいられない人、アル中…のことを一般的にヘビードランカーというのではないだろうか。ちなみに南九州や沖縄は遺伝子的に酒に強い人が多いらしい。とはいっても、地元の人は皆ストレートでイッキばかりしているはずもなく、普段はおとなしく水割りやお湯割りで飲んでいるのが一般的。

料理・飲み物

ホイス【ほいす】

昭和30年代から続くチューハイの割り材の元祖で、東京都港区白金の（有）ジィ・ティ・ユー（旧後藤商店）が製造と販売を行っている。ホイス4：焼酎6：炭酸水10の割合で飲むのが黄金比といわれ、味わいはどちらかというと薬草などの漢方系ではあるがさっぱりと飲みやすい。大量生産されておらず、料飲店のみしか卸していないため家庭で飲むことはできない。昭和のレトロな味を体感したいならホイス取扱い店で飲もう！

写真提供／
（有）ジィ・ティ・ユー（旧後藤商店）

雑学

ホーロー看板【ほーろーかんばん】

郊外や地方に行くと必ずある酒の看板。民家の壁や塀、電柱に掛けられたものなどさまざま。地域に根ざした焼酎蔵にとって最大の広告ターゲットは地元の人たちで、ホーロー看板は昔からその地域に欠かせない風景のひとつとなっている。現在も製造されている銘柄の看板もあれば、廃業してしまった蔵の看板もあり、今も雨にも負けず風にも負けず、少しずつ変わってゆく街並を見つめている。

雑学

保管【ほかん】

焼酎を保管する際は直射日光のあたらない場所で、高温にならず、温度変化のしにくい場所に置いておくのがいい。甕や壺入りの焼酎や泡盛の場合、年月とともに中味が自然蒸発してしまう可能性があるので、数年おきに開封して中を確認した方がいい。減っている場合は早めに飲むか、同じ中味を注ぎ足して再保管する方法もある。

料理・飲み物

ホッピー【ほっぴー】

「本物のホップを使った本物のノンビア」の意味が込められた「ホッピー」。いわゆるノンアルコールビールの元祖で、主に甲類焼酎の割り材として使われている。一般庶民がビールを口にすることができなかった1948年（昭和23年）当時、コクカ飲料（現ホッピービバレッジ）がビールの代替品として発売したのがホッピーである。もともとホッピーは関東近県で知られてはいたが、ほかの地域ではマイナーな存在で、1990年代までは苦労の道のりを歩み続けていた。2000年代にメディアに取り上げられて人気が再浮上。大衆酒場ブームや健康ブームが後押しし、プリン体ゼロということで注目を浴びた。

写真提供／ホッピービバレッジ（株）

飲み方・楽しみ方

ボトルキープ【ぼとるきーぷ】

居酒屋やバー、スナックなどで客がボトルで注文して飲みきらなかった酒を、次回来店した時に飲むために店で保管してもらう仕組み。開栓して時間がたっても変質しにくい焼酎やウイスキーなどの蒸留酒が一般的で、ボトルには首掛けなどのタグやボトルそのものに所有者の名前を書いてほかの瓶と区別する。ボトルで頼めば一杯ずつショットで注文するより安くなる場合が多いので、ボトルキープを採用している店であれば利用した方がいいだろう。ただし保管期間が3か月～半年などと定められている店が多いので、定期的に通って飲まないと処分されてしまう。

社会・民俗

ホワイト革命【ほわいとかくめい】

ウイスキー、ブランデーなどの濃色蒸留酒（ダーカースピリッツ）に代わって、1960～1970年代は無色でクセがないホワイトラム、テキーラ、ジン、ウォッカなどの白色蒸留酒（ホワイトスピリッツ）が世界的に大きく消費量を伸ばした。日本では焼酎、とくに甲類焼酎（ホワイトリカー）がブームに。焼酎は安価で経済的だったというのもあるが、乙類焼酎は伝統的な蒸留酒として再認識され、甲類焼酎はすっきりとした飲み口で自由に割って飲める手軽さがウケたのが大きい。

種類・銘柄

本格焼酎【ほんかくしょうちゅう】

乙類焼酎ともいう。伝統的な単式蒸留による焼酎を「乙類」と1949年（昭和24年）に規定されたが、乙という言葉が「甲類」より劣るととられかねないため、「乙類」に代わる「本格焼酎」という名称が1957年九州旧式蒸留協議会で江夏順吉が提唱。その後、1971年（昭和46年）に「酒税の保全及び酒類業組合等に関する法律施行規則」が一部改正された際に「本格焼酎」という名前が正式に呼称・表記することができることになった。

資格・制度

本格焼酎の日【ほんかくしょうちゅうのひ】

毎年11月1日は「本格焼酎と泡盛の日」と、1987年（昭和62年）日本造組合中央会によって定められた。8月下旬～9月頃から仕込まれた芋焼酎の新酒ができるのが10～11月の時期ということで11月1日となったようである。この日は鹿児島をはじめ、各地で焼酎のイベントが開催されている。ちなみに奄美黒糖焼酎の日は5月9～10日、壱岐焼酎の日は7月1日、球磨焼酎の日は8月8日、日本酒の日は10月1日、ワインの日は毎月20日となっている。ワインだけ毎月あってずるいですね。

種類・銘柄

ホワイトリカー【ほわいとりかー】

いわゆる甲類焼酎のことで、連続式蒸留器で製造された36%未満のアルコール。「ホワイトリカー」という名前は、もともとは日本の蒸留酒業界が焼酎に対する世間のイメージを向上させるために1963年（昭和38年）に命名した名前だった。今では梅酒を漬ける時に使う甲類焼酎にホワイトリカーと名前が付けられていることが多い。

地 理

本州【ほんしゅう】

本州は昔から米の栽培が盛んだったので酒といえば清酒が製造されてきた。本州で焼酎といえば九州のような焼酎ではなく、清酒の副産物である酒粕を蒸留した粕取焼酎であった。今ではだいぶ少なくなったが、1980年代頃までは本州の清酒蔵でも米焼酎や粕取焼酎がよく造られていた。

製 造

本垂【ほんだれ】

蒸留を始めてある程度時間がたった頃に出てくる部分。「中垂(なかだれ)」ともいう。純粋なアルコールに近い初留や焦げ臭など複雑な香味の後留と比べると、その中間に位置する本垂はある意味その焼酎の一番いい部分なのかもしれない。が、原料の味を一番深く出せるのは蒸留の最初から最後まで取ってこそなので、「初留」とともにあくまで焼酎のひとつのバリエーションとして楽しむのがいいだろう。

料理・飲み物

本直し【ほんなおし】

みりんに焼酎を加えた飲み物。江戸時代の書物によると、上方では「柳蔭」、江戸では「本直し」とよばれ、みりんと焼酎を半々で割り、冷やして飲んだという。ひるがえって現代。1990年代に焼酎の税率が上がった際に本直しは料理酒として見られていたので税率は安いままであった。その隙間をぬって甲類焼酎に少量のみりんを混和して分類を「本直し」とし、甲類焼酎と同じようなパッケージで格安に販売されていた時期があった(その後、本直しという名の節税焼酎は法改正により廃れた)。現在、本来の「本直し」はみりんを製造する蔵の一部で作られており、老舗の料亭では食前酒の代わりに提供する店もある。

種類・銘柄

マール【まーる】

フランスで造られる蒸留酒で、ブランデーの一種。ワインを醸造する際に出るブドウの搾りかすを発酵させたあと、蒸留して造る。イタリアではグラッパという。搾りかすの香りが強烈で、樽熟成させたブランデーの香りとは一線を画すものが多く、ある意味で日本の昔ながらの粕取焼酎に通じるものがある。一般的なマールは樽熟成を行わないため無色透明のものが多いが、一部はブランデーのように樽熟成させたものもある。

雑学

前掛け【まえかけ】

製造業や商店の従業員が腰に巻いて着用するエプロン状の厚手の布で、正確には帆前掛けという。それぞれの会社名や屋号が染め抜かれる今の前掛けの仕様は明治時代に始まり、1950～1970年代に爆発的に広まったという。会社のユニフォームとして着られるほか、同時に宣伝広告にも使えるので現代でも重宝されている。前掛けの多くは濃紺色で腰に巻くためのヒモがついており、通常はヒモの赤色を表にして着用するが、弔事の場合は白色を表にして着用する。

人物

前田利右衛門【まえだりえもん】

江戸時代の人物。南薩摩にある指宿郡山川郷の出身で、18世紀初頭に琉球からサツマイモを持ち帰ったとされている。その後、サツマイモは水はけのよい南薩摩の地で栽培に成功し、救荒作物として急速に普及していった。その功績が称えられ、利右衛門の死去後は彼を供養する徳光神社や碑が建てられた。同名の焼酎もある。

飲み方・楽しみ方

前割り【まえわり】

本格焼酎を水であらかじめ割っておいてから飲む楽しみ方。昔は宴会や冠婚葬祭で提供する焼酎をその都度割って出すのがめんどうなため、事前に大きいやかんなどに割っておいて、当日そのまま注いだり温めて提供したりしたそうである。軟水などで割って一日もすれば水とアルコールの分子がよくなじみ、その場で割るよりもまろやかな口あたりになるため、焼酎蔵ではこの飲み方を推奨するところが多い。一般の方が前割りを作る時は空の瓶やペットボトルを使えばOK。焼酎と水の割合はお好みで。また何日寝かせれば美味しくなる、という正解はないが、少なくとも一日は寝かした方がいい。前割り焼酎は容器ごと冷蔵庫に入れて冷やしてそのまま飲んでもよし、黒ぢょかやチロリに入れて燗して飲むもよし、常温で置いておいてそのまま飲むもよし、さまざまな楽しみ方ができる。

昭和の焼酎本コレクション

1970年代後半～1980年代は、焼酎や酒に関する本が数多く出版された。時は第一次～第二次焼酎ブームの真っ只中、南日本の地酒である本格焼酎や新感覚の甲類焼酎などが全国的に発信され始めた時代。昭和時代の焼酎を取り巻く状況や飲酒文化が生々しく記録された貴重な資料も多い。ここでは厳選した12冊をご紹介。

※昭和時代に発刊された書籍のため、現在はどれも入手困難となります。ご了承ください。

1940年

薩摩焼酎の回顧

鹿児島県酒造組合聯合会　編
182×120mm　165ページ
鹿児島県酒造組合聯合会

鹿児島の酒造組合誌で、明治～昭和初期における薩摩焼酎の近代史がこと細かく記録された歴史的に貴重な資料。国立国会図書館デジタルコレクションで見ることができる。

1975年

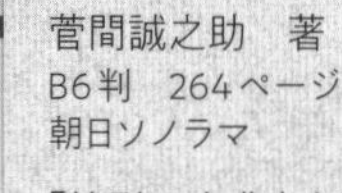

見なおされる第三の酒

菅間誠之助　著
B6判　264ページ
朝日ソノラマ

「焼酎の事典」を著わした菅間先生による本。焼酎の歴史から各地域のレポート、飲み方などが記されており、今の焼酎本にはまず載らないような昔の焼酎に関する製造法や飲酒文化など貴重な情報が満載。

1976年

アサヒグラフに見る昭和の世相（6）

朝日新聞社　編
215×305mm　272ページ
朝日新聞社

大正末期から平成の半ばまで刊行されていた、世相や風俗などの写真が掲載された画報誌。1947年（昭和22年）6月18号には「カストリ全盛時代」という、当時のカストリ焼酎の貴重な写真が掲載されている。

1978年

焼酎手帖

重田 稔　著
137×188mm　266ページ
蝸牛社

焼酎とは何か。世界の蒸留酒の歴史から焼酎の製造法、焼酎の名産地の紹介、甲類焼酎登場の背景、健康、果実酒の作り方まで網羅された、今でいうウンチク本。令和の時代にはなかなか出てこない視点も読みどころのひとつ。

1978年

白色革命、焼酎しらなみ軍記

深野 治　著
132×191mm　268ページ　創思社出版

鹿児島のいち芋焼酎であった「白波」がいかにして全国区の焼酎になりえたか。焼酎の歴史や世界の蒸留酒のエピソードも交え、当時の焼酎に対する世相も詳しく記載。全編熱量の高い本格焼酎奮闘ルポ。

1978年

世界の文化　焼酎
現代のスピリッツ

毎日新聞社　編
184×226mm　162ページ
毎日新聞社

第一次焼酎ブームの頃に発刊されたムック本。地域ごとのルポや焼酎の基礎知識に関する記事など。世界的に起こった蒸留酒の白色革命と戦後闇市についての記事が興味深い。

1983年

穂積忠彦・本物の美酒名酒を選ぶ

穂積忠彦　著
四六判　380ページ　健友館

当時の日本は制度の未整備から、まだまだ「まがいものの酒」が多かった。そういう状況に至った経緯を歴史的な観点から解説し批判を展開。焼酎本ではないが、昭和の酒文化や時代の空気を知るには最適すぎる一冊。

1983年

焼酎

朝日新聞西部本社社会部　編著
四六判　208ページ
朝日新聞社

九州各地～沖縄それぞれの地域で蔵元や飲酒文化について独自に取材されている。昭和の時代は焼酎と地域や生活とのつながりはまだ深く、それが焼酎・泡盛の魅力でもあった。そういった当時の生の証言が聞ける興味深い一冊。

1984年

焼酎全蔵元全銘柄

主婦と生活社　編
A5判　248ページ
主婦と生活社

今はひとつの蔵元で何種類もの商品が発売されているが、当時はまだ種類も少なかった。そんな当時のすべての焼酎蔵とすべての銘柄を紹介した本。消えた蔵元、消えた銘柄、消えたラベルも多数掲載されており、今読むとかなりおもしろい。

1985年

焼酎の事典

菅間誠之助　編著
118×188mm　256ページ
三省堂

焼酎本のバイブル。焼酎にまつわる語句の詳しい説明だけでなく、日本や世界の蒸留酒の歴史や焼酎の製造法についても詳しく記載。無理だと思うけれど復刊を望みます。

1985年

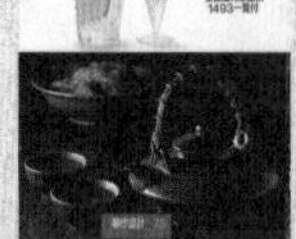

焼酎の研究
(別冊暮しの設計NO.15)

山本祥一朗　監修
A4判　184ページ
中央公論社

第二次焼酎ブームの最中に発刊されたムック本。カラー写真がふんだんに使われ、甲類乙類問わず初心者にもやさしい詳細な記事が多く濃密な一冊。当時の焼酎銘柄も多数紹介。特に甲類焼酎の特集ページが熱い！

1985年

現代焼酎考（岩波新書）

稲垣真美　著
新書判　216ページ
岩波書店

第二次焼酎ブーム当時の焼酎各産地の現状と変化がつぶさに取材されている。特筆すべきは謎に包まれていた秘境の島・青ヶ島の伝統的な焼酎造りについての写真とイラスト付の詳細なレポート！復刊求む。

料理・飲み物

マグロ【まぐろ】

サバ科の大型肉食魚。常温においておくと腐りやすく、保存や加工がしにくかったため、江戸時代から昭和初期までは評価の低い魚だった。1960年代以降、冷凍技術の進歩や食生活の変化とともに刺身や寿司種として評価が上がり始め、今では大人気の魚である。鹿児島県いちき串木野市は昔から遠洋マグロ漁業で栄え、全国で一番のマグロ漁船が在籍する港町で知られている。

表 現

混じりけなし【まじりけなし】

酒について言う場合には、ブレンドをしていない、単一のタンクの中味ということになるだろう。焼酎はブレンドすることによって新しい美味しさの発見があったり、泡盛も年数の違う古酒をブレンドした方が美味しくなる場合があるが、日本の酒に関しては「混じりけなし」の酒の方が好まれるのは日本人の性質なのだろう。

飲み方・楽しみ方

祭り【まつり】

さまざまな蔵の焼酎や泡盛を集めた「焼酎まつり」なるイベントが九州～沖縄やその他各地でたびたび行われている。場所は野外であったり、ホテルの宴会場であったりとさまざまで、飲みきれないくらいの種類の焼酎や泡盛が楽しめるのがうれしい。また、九州や沖縄各地で行われる地元向けのお祭りでは、必ず焼酎や泡盛を提供する店が出店している。蔵元がテントを出している場合もあり、地元の祭りと酒は切っても切れない仲である。

飲み方・楽しみ方

マドラー【まどらー】

チューハイやカクテルなどをかき混ぜる際に使用する棒。英語でいうマドラー(Muddler)はじつはカクテルを作る際にハーブや果物を潰すために使われる太い棒のことをいい、日本のマドラーを英訳すると“stirrer”“stir stick”になる。ちなみに、居酒屋でチューハイやハイボールをかき混ぜるときのマドラーは“割り箸”が多いのでは？

飲み方・楽しみ方

マリアージュ【まりあーじゅ】

酒と食べ物の味わいが口の中で混じり合うことによって、バランスのよい状態、あるいは新たな魅力を生む組み合わせのこと。焼酎は辛口なので、基本的に口の中をリフレッシュさせる効果がある（例：肉の油を洗い流す）。ほかにも、焼酎と料理の味を互いに壊すことなく合わせられることを「バランス（均衡）」、また、互いの風味を高め、新しく豊かな味わいを生み出すことを「調和（ハーモニー、マリアージュ）がとれている」という。酒と食の相性というのは本来はあまり難しく考えることはなく、たとえば淡泊な料理には淡麗な焼酎、濃厚な料理には濃醇な焼酎、冷たい料理には焼酎も冷たくして、温かい料理には焼酎も温めて飲むというのを念頭に合わせるのがよい。

飲み方・楽しみ方

水との相性【みずとのあいしょう】

焼酎ブーム全盛期、焼酎には温泉水や軟水などのやわらかく甘味のある水が最も適しているという情報が多かった。しかしあくまでそれは当時の見方であり、以降、サツマイモなどの原材料の質の向上や、焼酎の製造技術の向上といった努力が焼酎のクオリティを向上させ、ひと昔前の焼酎と今とはだいぶその内容に変化が見られるようになった。それゆえに以前は軟水が焼酎を割るのに向いているといわれていたものが、近年は銘柄ごとに水を選ぶようになってきている。硬水が合うもの、軟水が合うもの、温泉水などの超軟水が合うものなどなど、相性の組み合わせは無限にあり、それを見つけていくのも焼酎の楽しみのひとつといえるだろう。

飲み方・楽しみ方

水割り【みずわり】

焼酎の水割りの作り方は、まずグラスに氷を多めに入れて焼酎をグラスの半分まで注ぎ、冷水をグラスの8～9分目まで注いで完成。焼酎と水の割合は5：5か6：4くらいになる。氷は純水で作られた市販のロックアイスの方が溶けにくいが、ミネラルウォーターで氷を作って試してみると味わいが違ってくるのでおもしろい。水割り用の水も同様。また、あらかじめ焼酎を水で割った「前割り焼酎」も水割りのバリエーションのひとつ。ちなみに筆者（沢田）のオススメは常温の水割り。氷を使わないで焼酎も水も常温のままで割る方法だが、この方法だと焼酎の素直な味わいをそのまま味わうことができる。この場合も水の種類にこだわってみると楽しい。

社会・民俗

密造焼酎【みつぞうしょうちゅう】

密造酒は製造免許を受けずに製造された酒のこと。明治32年に家庭での自家醸造が一切禁止されたあとも、実際には家庭や村をあげて密造酒が造られていたといわれている。さらに第二次大戦後の酒の原料が不足していた頃、闇市では「カストリ」とよばれる粗悪な密造焼酎が横行した。地方の農村でも密造酒は造られ、現在の宮崎県でアルコール度数が20%の焼酎が主流なのは、この密造酒時代のなごりといわれている。

資格・制度

南薩摩・本格いも焼酎マーク

【みなみさつま・ほんかくいもしょうちゅうまーく】

南薩摩のシンボル開聞岳と鹿児島県の形がデザイン化された認証マーク。「南薩マーク」ともいう。南薩摩地方の知覧・指宿税務署管内にある焼酎メーカー16社・19製造場が使用することができ、「米麹（芋麹）と鹿児島県産サツマイモ、鹿児島県内の水を原料として発酵させたもろみを南薩摩において蒸留し容器詰された本格焼酎で、水以外の添加物を一切含まない」商品につけることができる。第三次焼酎ブームによりサツマイモが足りなくなり、県外産や海外産の芋が使われる状況の中でこうした認証制度が生まれた。

地理

宮古島【みやこじま】

沖縄本島の南西・八重山諸島にある島。人口は55000人ほど。島のほとんどが平坦で、広大なサトウキビ畑が広がっている。観光スポットもたくさんあるが、広い島なので車移動が便利。島で造られる泡盛は「菊の露」「多良川」「沖之光」「ニコニコ太郎」といった銘柄で、隣の伊良部島産の「宮の華」「豊年」も流通している。よく飲まれているのは「菊の露」「多良川」「宮の華」の3銘柄が中心。ほかの銘柄は規模が小さいため、集落の酒といった感じである。また、島には「オトーリ」という、与論島の「与論献捧」と似た、盃で酒をまわし飲む風習がある。

地理

三宅島【みやけじま】

伊豆諸島にある人口2500人ほどの島。大島と同様、歴史的に何度かの火山災害に見舞われており、直近では2000年の噴火で全島避難となり、一時無人島となった。2005年の避難解除後、現在唯一の蔵・三宅島酒造が復興されて今に至る。島ではこの蔵の造る麦焼酎「雄山一（おやまいち）」や、ほかの島で造られる樫樽貯蔵焼酎がよく飲まれているようだ。特産は明日葉やクサヤ、テングサなどの水産加工品。

地理

宮崎県【みやざきけん】

南北に広い県で、北部は麦焼酎、南部は芋焼酎が多く造られている。それ以外の原料を使った焼酎も造られており、蕎麦焼酎のほか、めずらしい栗焼酎を造る蔵もある。現在は芋焼酎と麦焼酎が主流だが、昔は芋焼酎のほか、米焼酎や雑穀焼酎もよく造られていた。

料理・飲み物

みりん【みりん】

もち米で造った甘い調味料。米麹と蒸したもち米を焼酎の中に入れて造る。使われる焼酎は今ではほとんどが醸造用アルコールではあるが、一部の蔵では米焼酎や粕取焼酎を使った旧式みりんも造られている。みりんの製造方法は戦国時代の頃に誕生し、砂糖よりも入手しやすい甘味滋養飲料として親しまれていたほか、調味料としても使われていた。戦後はみりんの税率が高かったため、安価な「みりん風調味料」「発酵調味料」が生まれたという経緯がある。

種類・銘柄

麦焼酎【むぎしゅうちゅう】

麦を主原料とした焼酎。麦焼酎は大分県や長崎県、伊豆諸島をはじめ、福岡県や宮崎県で多く造られている。麦麹を使うのが一般的だが、長崎県の壱岐島では米麹を使うのが特徴的。白麹仕込みで減圧蒸留された飲みやすいタイプのものが一般的ではあるが、常圧蒸留で造られた濃醇な味わいのものもあり、一部で人気となっている。

表現

麦麦しい【むぎむぎしい】

現在主流の減圧蒸留の麦焼酎にも軽いながら「麦の香り」がある。しかし「麦麦しい」という表現は、どちらかというと常圧蒸留された麦焼酎、その中でも原料由来の穀物的な甘みや香りが特に強い場合にこの表現を使うことが多いのではないだろうか。専門用語というよりも一般の人が麦焼酎を飲んだ時に表現する言葉。

製造

蒸し【むし】

原料を蒸す行程。製麹の際に米や麦などの原料は蒸してから使い、二次仕込みの際も主原料となる芋や米、麦は蒸してから仕込まれる。特に麹を造る際の蒸しの行程はその後の麹の出来にも大きく関わるため、ねらった酒質に合わせた蒸しをするのが一般的である。二次仕込みの際に主原料を蒸すのは、デンプンを糖化させる酵素が働きやすくするためと、加熱による殺菌効果をねらって、以後の醸造工程を安全に進めるねらいがある。

飲み方・楽しみ方

蒸し燗【むしかん】

底に浅く水を張ったセイロに酒器（徳利など）を入れてフタをし、蒸気の充満した密閉状態で燗をつけること。燗つけ中にセイロ内の蒸気によって酒の成分の蒸発がおさえられるため、一般的な燗よりもまろやかになるといわれている。蒸し燗は酒の温度管理が難しく、放っておくと酒器が持てないくらい熱々になることも。

原料

無農薬栽培【むのうやくさいばい】

農薬を使用せずに野菜や米などを栽培する方法。雑草や虫の駆除など手間暇がかかりすぎるわりに収量が上がらなかったりと苦労が多い。米や麦、サトウキビに比べ、土の中で育つサツマイモはまだ無農薬で栽培しやすいといわれる。

原料

紫芋【むらさきいも】

中味が紫のサツマイモ。皮の色は白や赤紫色～紫色などさまざま。皮が白いのは種子島紫、皮が赤紫・紫なのは山川紫、頴娃（えい）紫、綾紫、ムラサキマサリなど。紫芋は主に加工用に使われており、焼酎にすると赤ワインやヨーグルトのような甘さの香りになる傾向がある。ムラサキマサリは霧島酒造「赤霧島」に使われているので有名。

製造

無濾過【むろか】

冷却ろ過や炭素ろ過、イオン交換などをせずに出荷する方法。瓶詰め時のゴミ取りを目的としたろ過は必ずしなくてはならないので、本来の意味での完全な無ろ過はありえない。そのため、ゴミ取り程度の最小限のろ過だけしたものは荒ろ過とよぶ蔵もある。ろ過をひかえめにした焼酎は旨味の元となる油成分をたっぷりと含んでいるので、通常のものに比べて味わいが濃醇になる傾向。

種類・銘柄

銘柄【めいがら】

商品名（ブランド）のこと。日本酒には昔から「～正宗」を筆頭に、「地名」「～山」「～川」「～井」「～江」「～泉」「～露」「～鶴」「～誉」「～錦」「～桜」「～梅」「～菊」「～娘」「～姫」といった、自然やおめでたい意味を込めた銘柄が多くあった。焼酎の銘柄も基本的に同じような傾向にあるが、第三次焼酎ブーム前後から経営者や杜氏の名前、はたまた動物や昆虫の名前がつけられた銘柄が出てきたというのは、焼酎独自の流れだったのでは。最近はインバウンド需要や若者ウケをねらってか、英字表記の銘柄も少しずつ増えてきましたね。

社会・民俗

メーカー【めーかー】

製造業のこと。消費者のニーズをとらえ、それを商品化してお客様に喜んでもらうのが生業。酒メーカーは常に「自分たちの造りたい味」と「消費者のニーズ」の間にはさまれて試行錯誤しながら造っている。それがメーカーのおもしろいところでもあり、つらいところでもある。

社会・民俗

メディア【めでぃあ】

メディアの影響力というものは時としてはかり知れない動きをもたらすことがある。2003年のTV番組で放映された「焼酎は血栓を溶かす」「焼酎は二日酔いをしない」などといったふれ込みの影響によって、第三次焼酎ブームはさらに激化。一年の平均出荷本数をはるかに上回る注文により需要と供給のバランスが完全に崩壊した。さて、次の焼酎ブームは果たして来るのだろうか。

製　造

木製こしき【もくせいこしき】

米を蒸す道具。今では日本酒の蔵でごくたまにあるくらいで、木製のこしきはほとんど見なくなってしまった。焼酎の業界では米蒸し～米麹造りはドラム式や円盤式の自動製麹機で造られることが多いので、こしき自体がほとんど残されていない。

製　造

モロブタ【もろぶた】

麹蓋ともよばれ、酒造用の道具として麹造りに使われている。ほかにもモロブタは餅や寿司、弁当などの保存容器としても使用されている。→「麹蓋」（p.75）

製　造

もろみ【もろみ】

麹に水と酵母（と主原料）を加えた、お酒のもととなる液体。米でできたもろみを搾れば日本酒、蒸溜すれば米焼酎となる。

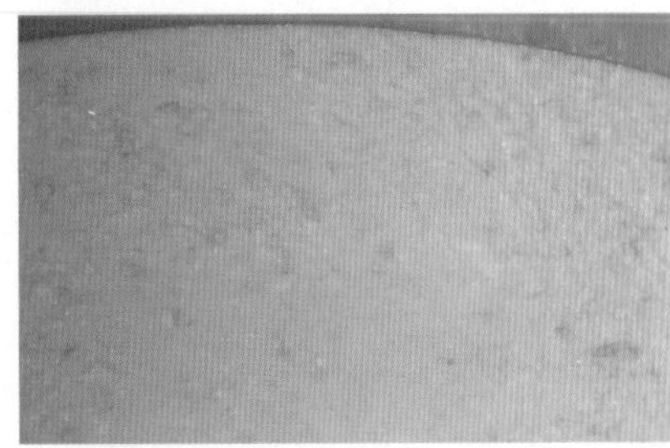

写真提供/大海酒造（株）

種類・銘柄

醪取焼酎【もろみとりしょうちゅう】

穀類などの原料や麹、水を混合した醪（もろみ）を蒸留して造った焼酎。日本の焼酎のほとんどはこの方式で造られている。日本で醪取焼酎でないものには、酒粕をモミ殻と混ぜて蒸籠（セイロ）で蒸して蒸留するタイプの粕取焼酎がある。

資格・制度

モンドセレクション【もんどせれくしょん】

ベルギーの民間団体が主催する国際的な評価機関。対象は食品や酒類、タバコや化粧品などで、世界中から多数の製品が出品され、香味や品質、成分などが審査される。受賞すればその後3年間、受賞した旨を商品パッケージなどに掲載してアピールすることができる。同じジャンルの商品と相互比較しての審査ではなく、特定の基準に沿って審査される絶対評価が採用されている。

地 理

屋久島【やくしま】

九州最高峰の宮之浦岳をはじめ1800mを超える峰が数多くあり、洋上アルプスともいわれる山の島。雨の多い島でもあり、島に湧き出る地下水は「日本名水百選」にも選ばれているほど。島には2軒の芋焼酎蔵があり、「三岳」(三岳酒造)と小規模な甕仕込みで仕込まれる「屋久杉」(本坊酒造 屋久島伝承蔵)がある。屋久島では害虫や害獣の影響もあり、また農家の規模も大きいところが少ないため、サツマイモの生産は少なく、芋焼酎を造るのに島内産のサツマイモではまかないきれないのが実情で、足りない分は鹿児島本土から仕入れていることが多い。

原 料

屋久島の水【やくしまのみず】

屋久島の原生林に降った雨が花崗岩を通ってろ過された超軟水の地下水で、「日本名水百選」にも選ばれている。「屋久島 縄文水」としても販売されており、硬度はわずか10 mg/Lで、非常にやわらかで甘味のある水である。屋久島産の芋焼酎の評判がいいのは、この良質な水にもよるだろう。

原 料

椰子【やし】

熱帯地方から亜熱帯、温帯にかけて広く分布する植物。ヤシ科の一種であるナツメヤシの果実(デーツ)は焼酎原料にも使うことができる。日本でも1軒だけ宮崎県の蔵でデーツの焼酎が造られている。

原 料

野生酵母【やせいこうぼ】

空気中や土壌、植物をはじめ自然界に存在している酵母のこと。酒造りの場合においては、醸造目的の培養酵母以外のものを野生酵母とよぶ。野生酵母は酒造りに良くも悪くも影響を与えるため、安全に醸造するために温度管理や麹の生成するクエン酸、培養酵母によって淘汰させている。いわゆる「蔵付き酵母」はこの野生酵母を蔵独自に醸造用に培養したもの。

雑学

やっせんぼ【やっせんぼ】

「意気地なし」「臆病者」「小心者」「弱虫」といった意味の鹿児島弁。「やっせん」は「ダメ」とか「役に立たない」という意味。「ぼ」は「坊主」がなまったもの。

料理・飲み物

柳影【やなぎかげ】

「本直し」に同じ　→「本直し」(p.156)

原料

山芋【やまいも】

中国原産の野菜で、山の芋、自然薯(じねんじょ)ともよぶ。滋養強壮にもよいとされ、長く伸びる根を食用にする。焼酎の原料としても使用され、沖縄県、宮崎県、岐阜県などの蔵で山芋焼酎が造られている。九州南部では「山芋を掘る」という方言がよく使われるが、これは「酔っ払って人にからむ」という意味。こう噂される人は飲み方に注意しましょう。

種類・銘柄

山芋焼酎【やまいもしょうちゅう】

山芋で造った焼酎。麹には米など穀類を使用する。山芋のおとなしい味わいが特徴。沖縄や宮崎、岐阜の一部の蔵で製造されている。

表現

やみつき【やみつき】

何かにはまる状態。「焼酎ってふだん飲まないから飲み方もわからないし、強そうだしにおいもきついんでしょ?」と思ってる人は案外、本格焼酎の香りと味にはまるとやみつきになる人が多いかも?

表現

やわらか【やわらか】

口の中でアルコールや雑味の刺激がほとんどなく、ほのかな甘みや旨味を感じる場合に「やわらか」と表現するのではないだろうか。軟水を使用した焼酎や、熟成感をともなったもの、アルコール度数の弱いものなどに見受けられる。

飲み方・楽しみ方

和らぎ水【やわらぎみず】

チェイサーと同じ。日本でも最近は地酒や焼酎専門の居酒屋などで、この「和らぎ水」を出すところが増えてきた。本格焼酎をストレートで飲む時にこの和らぎ水と一緒に味わうと思いがけない相性が見つかるかも。また、健康のためにもロックやお湯割りで飲む際もできれば和らぎ水があった方がいいですね。

→「チェイサー」(p.127)

飲み方・楽しみ方

ゆず胡椒【ゆずこしょう】

九州や四国など、ゆずの栽培が盛んな地域で生産される辛い調味料。ゆずの果皮と青唐辛子を細かくみじん切りにしてすりつぶし、塩で漬けたもので、鶏肉料理や鍋料理の薬味として使われる。またこういった辛い薬味と本格焼酎は相性がよいのでお試しあれ。

容器

湯呑み【ゆのみ】

湯呑みはお茶を飲む時に一般的に使われるが、酒を飲む際にも使われる。焼酎を飲む時は保温効果の高い陶器製の湯呑みで飲むのがいいのではないだろうか。特にお湯割りを飲む時には深さもあり、素材にあたたかみがあるので使いやすい。

雑学

ゆるキャラ®【ゆるきゃら】

一時期大ブームとなり、今では全国各地にある「ゆるいマスコットキャラクター＝ゆるキャラ」。滋賀県彦根市で生まれた「ひこにゃん」がゆるキャラブームの火付け役とされ、その後、次々とご当地キャラが生まれた。九州や沖縄にも無数のゆるキャラがあって何だかよくわからない状態だが、とりあえず鹿児島では緑の子豚ちゃんのキャラクター「ぐりぶー」が筆頭。ぐりぶーが誕生する前は「おいどんくん」が鹿児島を代表するゆるキャラだったが、ぐりぶーが台頭してからはすっかり陰の存在に…。

表現

よか晩じゃ【よかばんじゃ】

「よか晩なあ」ともいう。鹿児島弁で「(今夜は)いい夜だね~」の意味。飲み会で会話もはずみ、焼酎も進んで良い気分になった時に発する。ニュアンスがおじさんぽいので、若者よりも50代以上くらいの年配の人が言うイメージか。「こんばんは」の意味にも使われる。

製造

横型蒸留器【よこがたじょうりゅうき】

もろみを入れる釜の部分が横になっている単式蒸留器。沖縄の蔵に多い。九州で一般的な縦型蒸留器と比べると濃厚な酒質になりやすいといわれるが、縦型でも濃厚な味は造れるので、蒸留器の形でどこまで変わるかは同じ条件下でやってみないとわからないこともあり、実際のところはよくわからない。

写真提供/宮里酒造所

表現

酔っ払い【よっぱらい】

酒がまわって顔が赤くなったり、妙にフラフラしたりする人のこと。ほかに言動の特徴として、①ロレツがまわらなくなる ②グラスを倒す ③眠くなる ④からみだす ⑤千鳥足 ⑥トイレに入って出てこない ⑦終電逃す ⑧嘔吐 ⑨駅員さんのお世話になる ⑨ネクタイを頭に巻いて折詰の土産を持って帰る、などの症状が出るので、発見したら早期に帰らせよう。

地理

与那国島【よなぐにじま】

日本最西端の島。現在人口は2000人ほどだが、戦後は2万人も住んでいた時代もあったようだ。沖縄の離島の中では大きい方で、かつ山があり起伏に富んだ島。サトウキビ畑や田んぼは少なく、牛や与那国馬が放牧された牧場などのどかな風景が広がっている。島の泡盛は「どなん」「与那国」「舞富名」の3軒。人口に比べて多い方だが、沖縄本島などへの土産需要も多い。与那国島だけで造られる花酒(アルコール度数60%)は冠婚葬祭などでお清めとして使われる。 →「花酒」(p.147)

種類・銘柄

蓬焼酎【よもぎしょうちゅう】

蓬（ヨモギ）は本格焼酎の原料として認められており、現在は岐阜県の蔵で蓬焼酎が造られている。そのほか、焼酎に蓬の葉を漬け込んでリキュールにする飲み方もある。なお、鹿児島には「蓬乃露」という芋焼酎があるが、これは蔵のある場所が「蓬原」という地名で、蓬が入っているわけではない。

地理

与論島【よろんじま】

奄美諸島の中で最も南端にあり、沖縄本島のすぐそばにある島。産業はサトウキビや花きの栽培のほか、肉牛の飼育も盛んで、人口およそ5000人に対して牛も匹敵するくらい多い。サンゴ礁の島で石灰分の多い地下水のため、水に苦労する時代が長かった。今では浄水場や淡水化装置、雨水をろ過する装置などによって島の水はまかなわれている。島の焼酎は黒糖焼酎「島有泉」。「与論献捧」という独自の風習があり、今はアルコール度数20%が主流。他島の黒糖焼酎の入る余地がないほど「島有泉」は島の人に愛されている。近年、新商品「島有泉黒麹仕込み」ができて、それも人気となっている。

飲み方・楽しみ方

与論献奉【よろんけんぽう】

与論島で行われている、客人をもてなすため焼酎をまわし飲みする独自の風習（p.87参照）。酒席の主催者などが大きな盃に黒糖焼酎を注ぎ、自己紹介や歓迎、感謝の気持ちを伝える口上を述べて飲み干し、「トウトガナシ（ありがとう）」という言葉で締めくくる。その後、同席者が順番に適当な口上を述べながら飲みまわす。盃が一周してもさらに何周も続く場合もよくある。これを何周もするとさすがに酔いがまわってしまうため、与論島の黒糖焼酎のアルコール度数は20%が主流。とはいえ、酒が弱い人には水や氷を足すこともあるなど、時代とともに風習も飲み手にやさしくなっている。

容器

ラベル

【らべる】

ラベルは商品の顔。ラベルには原材料や製法、造り手の想いなどが載っています。ここではラベルの情報の読み方、また、書かれていないところから予想できる製法の読み方をお伝えします。

表ラベル

主に銘柄名と焼酎の種類が書かれています。まずは手に取った商品が本格焼酎なのか甲乙混和焼酎なのか甲類焼酎なのかを確認しましょう。

裏ラベル

原材料やアルコール度数、蔵元名や住所、そのほか、健康等に関する注意事項が書かれています。詳しい製法や蔵元の想いなどが載っていることもありますので、見逃さずチェックしましょう。裏ラベルがない商品もあり、その場合は表ラベルにまとめて情報が記載されています。

ラベルに書かれていない情報を読み解く

酒の業界では、製品の情報のすべてはラベルに記載していないことが多いです。理由としては先入観を持たずに飲んでほしい蔵元の考えから、あるいは業界として当たり前の情報のためあえて載せていないこともあります。ここではラベルに書いてないことから製法や中味を予想する裏ワザを教えます。　※すべての商品について当てはまるとは限りません

- **麹の種類(何も書いてない場合)**
  白麹で造られている場合が多い。黒麹や黄麹仕込みの場合はたいてい記載されている
- **蒸留方法(何も書いてない場合)**
  芋焼酎→常圧蒸留(減圧蒸留は少数)
  米焼酎や麦焼酎→減圧蒸留(常圧蒸留は少数)
  黒糖焼酎→常圧蒸留が多いが減圧蒸留もある
  泡盛→常圧蒸留(減圧蒸留はほとんどない)
  粕取焼酎→減圧蒸留が多い
  ※これらと違う蒸留方法の場合はラベルに書いてあることが多い
- **貯蔵方法(何も書いてない場合)**
  タンク貯蔵。甕貯蔵や樽貯蔵の場合は記載されてあることが多い
- **貯蔵年数(古酒以外はほとんど記載されていない)**
  芋焼酎→数か月
  米焼酎(常圧)、麦焼酎(常圧)、黒糖焼酎、泡盛(一般酒)、粕取焼酎→数か月～1年以上
  米焼酎(減圧)、麦焼酎(減圧)→数か月

容器

ラベルデザイン【らべるでざいん】

昔も今も商品の顔として一番大事な要素。デザインの傾向は時代ごとに変わるのがおもしろい。焼酎のラベルは一時期、日本酒のラベルのような「和紙に筆文字」といったスタイルも流行ったが、最近は大胆なイラストや英字表記のデザインも増えている。時代とともに変化するラベルデザインだが、昭和期に使われていたレトロなデザインも少しずつ見直されてきている。

製造

ラベル貼り【らべるはり】

製品化する際に瓶にラベルを貼る作業。小さい蔵では手作業で一枚一枚ラベルを貼るところもまだまだある。手作業の場合、人によって貼り方にクセがあるので、蔵内ではこれは誰が貼ったラベルかというのがわかるようだ。中規模以上の蔵では機械でラベルを貼るのが一般的だが、紙質やラベルの形状によっては手作業でラベル貼りをすることもある。

種類・銘柄

ラム【らむ】

サトウキビの搾汁や糖蜜を発酵させて造った蒸留酒。西インド諸島や南米産のものが有名。樽で貯蔵させたダークラムや無色のホワイトラムなどがあり、サトウキビの甘い風味が特徴。アルコール度数は40%前後と高く、ストレートやロックで飲まれるほかカクテルの材料としても使われる。日本では小笠原諸島の父島、奄美諸島の徳之島、沖縄の南大東島などの蔵で造られている。ちなみに黒糖焼酎もサトウキビの搾汁で作った黒糖が原料だが、こちらは原料に米麹を使うのがラムと異なる点である。

製造

蘭引【らんびき】

江戸時代の古式蒸留器。語源はアラビアに伝わった蒸留器がアランビックとよばれたことに由来する。立てた樽にもろみを入れて下から熱して蒸留をする。蒸気となった気体は樽の天井に置かれた鍋底（鍋の中には水が入っている）に当たって冷やされて液体となり、滴り落ちて管を通り樽の外にて回収される。この回収されたものが焼酎となる。

種類・銘柄

リキュール【りきゅーる】

日本での酒の分類上では混成酒に位置づけされる。法律上は「酒類と糖類その他の物品（酒類を含む）を原料とした酒類でエキス分が2%以上のもの（清酒、合成清酒、しょうちゅう、みりん、ビール、果実酒類、ウイスキー、ブランデー、原料用アルコール、発泡酒、その他の醸造酒、粉末酒を除く）」という定義がある。一般的には梅酒など、酒に果実を浸して作ったものや、蒸留酒などに果汁などを混合したチューハイやカクテルなどがある。また、ビール類の中の「第四のビール」とよばれるものもリキュールに含まれている。

地理

琉球【りゅうきゅう】

沖縄本島を中心とした地域。かつて琉球王国は15世紀から19世紀まで尚氏が統治し、奄美から先島諸島（宮古列島～八重山列島）までを最大勢力範囲としていた。日本や中国（その時代は明や清）、朝鮮、東南アジアとの中継貿易で栄え、琉球独自の蒸留酒である泡盛も貿易品として重宝された。1609年に薩摩藩の島津氏が琉球に侵攻してからは島津藩の統治下に置かれることに。廃藩置県後は琉球藩を経て沖縄県となる。

種類・銘柄

琉球泡盛【りゅうきゅうあわもり】

たいていの泡盛のラベルに「琉球泡盛」と表示があるが、これは以前、沖縄以外でも泡盛が造られていたことがあり、沖縄県外産と区別するためにこの表示がもうけられた。

製造

冷却濾過【れいきゃくろか】

焼酎や泡盛を10℃以下に冷却し、中に含まれる焼酎油やフーゼル油といった成分を凝固させてろ過する方法。通常のろ過やすくい取りでは取りきれない油成分を取り除くことができる。冬場にこの成分が「にごり」となってクレームの元となったり、酸化して不快な油臭となるのを防ぐためであるが、油成分は旨味でもあるため、あまり取りすぎると味わいが平板化してしまうという難点もある。

種類・銘柄

レギュラー酒【れぎゅらーしゅ】

レギュラー焼酎ともいい、沖縄の泡盛の場合は一般酒ともいう。蔵元の看板銘柄を指す場合が多く、主に地元で飲まれていて価格も手頃。最近では原料や製法にこだわった焼酎が普及しているが、九州や沖縄といった焼酎・泡盛の本場で大衆的に飲まれるのはレギュラー酒がほとんど。そのレギュラー酒の味わいは地域の嗜好が反映されているため、本場の味を堪能することができる。

飲み方・楽しみ方

レモンサワー【れもんさわー】

今ではレモンチューハイとほぼ同じ意味として使われるが、厳密に説明すると、焼酎やウォッカなどの酒に炭酸水とレモン果汁を加えた飲み物。生レモンを搾って加える「生搾り」タイプや、市販のレモン果汁を加える方法、レモン果汁に糖類や炭酸があらかじめ混合された割り材で作るタイプなどがある。2009年から始まったウイスキーハイボールブームやレトロな大衆居酒屋が見直されてきたのを機に、爽快感のあるレモンサワーがブームとなった。

飲み方・楽しみ方

レモンチューハイ【れもんちゅーはい】

焼酎ハイボールの略がチューハイなので、レモンチューハイとは「焼酎に炭酸水とレモン果汁を加えた飲み物」となる。カクテルのひとつである「サワー」とは対照的に、チューハイの場合は果汁だけを加えているので基本的に甘くない。

種類・銘柄

蓮根焼酎【れんこんしょうちゅう】

沼沢地や蓮田などで栽培されるレンコン。 第二次焼酎ブームの頃にレンコンの栽培が盛んな地域の蔵がレンコンを原料とした焼酎を造っており、現在もいくつかの蔵で蓮根焼酎を造っているようだ。

製造

連続式蒸留【れんぞくしきじょうりゅう】

塔のような高さのある複雑な形状の連続式蒸留器を用いて蒸留すること。1回だけ蒸留を行う単式蒸留とは違い、多段階による蒸留を行うことで、純粋なアルコール(アルコール度数95%以上の原料用アルコール)が精製できる。

写真提供/オエノングループ

製造

濾過【ろか】

焼酎や泡盛を出荷する際、ゴミなどの不純物を取り除くために行う作業。そのほかの目的としては、余分な油成分の除去がある。旨味成分でもある焼酎油やフーゼル油といった成分が多すぎると、寒くなった時に凝固してゴミのように浮かんでクレームの原因になったり、酸化して油臭の要因になったりするためである。油分は寒い時期に貯蔵タンクに浮いてきたところをすくい取ったり、冷却ろ過などをしてある程度取り除くことができる。

原料

六条大麦【ろくじょうおおむぎ】

大麦の結実する穂の数により、小花が六条に並んでつく六条種と二条に並んでつく二条種に分類される。日本では一般に大麦というと六条大麦のことを指し、食用・麦茶などに使用される。焼酎の原料にも使用されるが、例としては少ない。関東以北で多く栽培されている。

容器

漏斗【ろうと】

じょうごともいう。上部は口が広く下部は細長い逆三角すい状になっていて、小さい穴に液体を流し込む時に便利な道具。前割り焼酎を作る時など、瓶に焼酎や水を注ぐのに漏斗を使うとこぼれ防止に役立つ。そのほか、手作業で焼酎を瓶詰めする際にも使うことがある。

飲み方・楽しみ方

ロクヨン【ろくよん】

焼酎6に対して湯4の割合で飲む楽しみ方。昔から鹿児島ではお湯割りが親しまれてきたが、1976年に鹿児島のさつま白波（薩摩酒造）が宣伝して全国的に広まった。アルコール度数25%の焼酎を6：4で割るとアルコール15%になり、日本酒と同じくらいの度数になる。このくらいが、焼酎が持つ素材の風味を素直に感じとれる割合かもしれない。とはいえ、人によって好みもあるので、半々の5：5（ゴーゴー）や、焼酎4に対して湯6のヨンロクといった割り方もある。この割合を変えることによって料理との食べ合わせの印象も変わってくるのも、焼酎の魅力といえるだろう。

飲み方・楽しみ方

ロック【ろっく】

「オン・ザ・ロック」に同じ　→「オン・ザ・ロック」(p.53)

種類・銘柄

ワイン【わいん】

ブドウ果汁を発酵させた醸造酒。ヨーロッパの東の近東地域が発祥とされ、その後ヨーロッパに普及。現代では北南アメリカ・南アフリカ・オーストラリア地方や東アジアなど世界の多くの地域でワインが造られている。このワインを蒸留して樽で熟成させるとブランデーとなる。

種類・銘柄

ワカメ焼酎【わかめしょうちゅう】

海藻焼酎のひとつにワカメ焼酎なんてものも。現在では長崎県島原の蔵でのみ製造されている。米、米麹を原料に、わかめは副原料として使われている。有明海島原産の栄養豊富なワカメの根を使っているとのことだが、蒸留酒なのでねっとりはしていない。

製　造

和水【わすい】

蒸留されてできた焼酎や泡盛の原酒を、製品化する目的のアルコール度数まで水を加える工程。和水をしてすぐ瓶詰めする蔵もあれば、水とアルコールがなじむまで数週間置いてから瓶詰めする蔵もある。

製 造

ワタリ【わたり】

単式蒸留器上部の、もろみを入れる釜と冷却器をつなぐ導管のこと。このワタリの形状や長さ、角度、材質によって焼酎の味が変わるといわれており、蒸留器の中でも意外と重要な部分。通常の材質はステンレス製だが、こだわった蔵ではこのワタリや蛇管といわれる部分に錫を使うところもある。

写真提供/大海酒造（株）

飲み方・楽しみ方

割合【わりあい】

本格焼酎や泡盛を割る時の、水や湯、炭酸水との割合はとても大切。よく知られるロクヨン（焼酎6：水4）だとアルコール度数は15%になり、ゴーゴー（5：5）では12.5%、ヨンロク（4：6）では10%になる。ヨンロクは薄いと思われがちだが、湯で割ると味がふくらむのでそれほど薄く感じず、料理とも合わせやすくなる。また、割合や温度、水質によって料理との相性や感じ方も違ってくるので、居酒屋や家で焼酎をたしなむ際、おかずやつまみによって焼酎と湯、または水や炭酸水の割合を変えてみるのも楽しいでしょう。

飲み方・楽しみ方

割り方【わりかた】

今まではロック、お湯割り、水割り、燗などが本格焼酎や泡盛の主な飲み方だったが、昨今はさまざまな割り方が提案され、最近では炭酸水（ソーダ）で割る飲み方が広がってきており、また柑橘果汁、牛乳、モヒートなどといった多様性のある割り方提案もされるようになった。それぞれの割り方に相性のよい焼酎や泡盛があると思うが、それを模索・発見してゆくのも一興。

製 造

割り水【わりみず】

原酒を商品化するアルコール度数にまで下げる時に使用する水、あるいは居酒屋や家庭で焼酎や泡盛を割るのに使う水のこと。飲み頃の度数に下げるのにおおよそ倍くらいの水で薄めることになるので、使う水は焼酎の味わいを決める大事な要素のひとつ。蔵元では水道水や地下水が使われることが多いが、山の水や近隣の名水などを汲んできて割り水に使う蔵もある。自分で飲む時に割る水は、市販されている国内のミネラルウォーターを使うのがいい。割り水の種類によって味わいも違ってくるので、いろいろなミネラルウォーターで試してみるとおもしろい。

本格焼酎蔵元MAP

本格焼酎を造る蔵は、九州や南西諸島だけではなく日本全国にあります。あなたの好きな焼酎がどこで造られているか、一目瞭然の焼酎MAPです。旅行に行かれた際は、ぜひ現地の焼酎を味わってみてください。

※銘柄を複数製造している場合は地元の銘柄または代表銘柄のみ掲載しています
※一部掲載していないメーカーもあります

<北海道・東北地方>

北海道

1 札幌酒精工業（株） さっぽろじゃがいも（じゃがいも）
2 合同酒精（株） 旭川工場
北海男爵（じゃがいも）
3 田中酒造（株） 宝酔（米）
4 （有）二世古酒造 くっちゃんの焼酎（米、じゃがいも）
5 国稀酒造（株） 初代泰蔵（酒粕）
6 清里焼酎醸造所 北海道清里（じゃがいも）
7 さほろ酒造（株） 十勝無敗（麦）

青森

8 六花酒造（株） 津軽海峡（米）
9 鳩正宗（株） 稲本屋 利右衛門（酒粕）
10 六ヶ所地域振興開発（株）六趣醸造工房
六趣（長芋）
11 （株）西田酒造店 田酒（酒粕）
12 （株）泉農場 新郷醸造所
郷の華（長芋）

岩手

13 菊の司酒造（株） だだすこだん（米）
14 （株）あさ開 あさ開（酒粕）
15 （有）月の輪酒造店 月の輪（酒粕）
16 岩手銘醸（株） 南部亀の尾（米）
17 （株）浜千鳥 纜（ともづな）（米）

宮城

18 阿部勘酒造（株） 烟波亭（えんぱてい）（酒粕）
19 （株）佐浦 浦霞（酒粕）
20 （株）山和酒造店 壱（米、酒粕）
21 石越醸造（株） 喜萬（酒粕）
22 （株）平孝酒造 日高見（酒粕）

秋田

23 （株）山本酒造店 山本レインボー（酒粕）
24 喜久水酒造（資） 亜鼓娘（米）
25 小玉醸造（株） 三吉（酒粕）
26 秋田酒類製造（株） こめじるし（米）
27 秋田誉酒造（株） 智水（米）
28 （株）飛良泉本舗 飛良泉（酒粕）
29 （名）鈴木酒造店 ドンパン（米）
30 出羽鶴酒造（株） なまはげ（米、酒粕）
31 両関酒造（株） 五年蔵（酒粕）
32 秋田銘醸（株） カストリ焼酎（酒粕）
33 秋田県醗酵工業（株） ブラックストーン（酒粕）

山形

34 古澤酒造（株） 雪原（米）
35 千代寿虎屋（株） 虎虎 黒（米）
36 樽平酒造（株） たるへい（酒粕）
37 嵐山酒造（株） 秀洋（米）
38 米鶴酒造（株） 疾風（米）
39 （株）六歌仙 ごうじょっぱり（米）
40 （株）小屋酒造 きらら（米、酒粕）
41 菊勇（株） きくいさみ（米）
42 楯の川酒造（株） 楯野川 吟香焼酎（酒粕）
43 浜田（株） そんぴん（米）
44 （株）鈴木酒造店長井蔵
エキス #JD30（酒粕）

福島

45 人気酒造（株） 上米人気（米）
46 奥の松酒造（株） 奥の松（酒粕）
47 （有）仁井田本家 金寶（酒粕）
48 笹の川酒造（株） 源粒（米）
49 （有）渡辺酒造本店 類蔵（米）
50 榮川酒造（株） 秘酎（酒粕）
51 ほまれ酒造（株） おんつぁ（酒粕）
52 花春酒造（株） 花春（酒粕）
53 宮泉銘醸（株） 米玄武（米）
54 （同）ねっか ねっか（米）
55 開当男山酒造 渡（酒粕）
56 太平桜酒造（資） 昔ながらの粕取焼酎（酒粕）

1
2
3
4
5
6
7
8
9
10
11
12
13 14
15
16
17
18 19
20
21
22
23
24
25
26
27
28
29
30
31 32 33
34 35
39 40
36 37 44
38
41 42
43
45 46
47 48
49
50
51
52 53
54
55
56

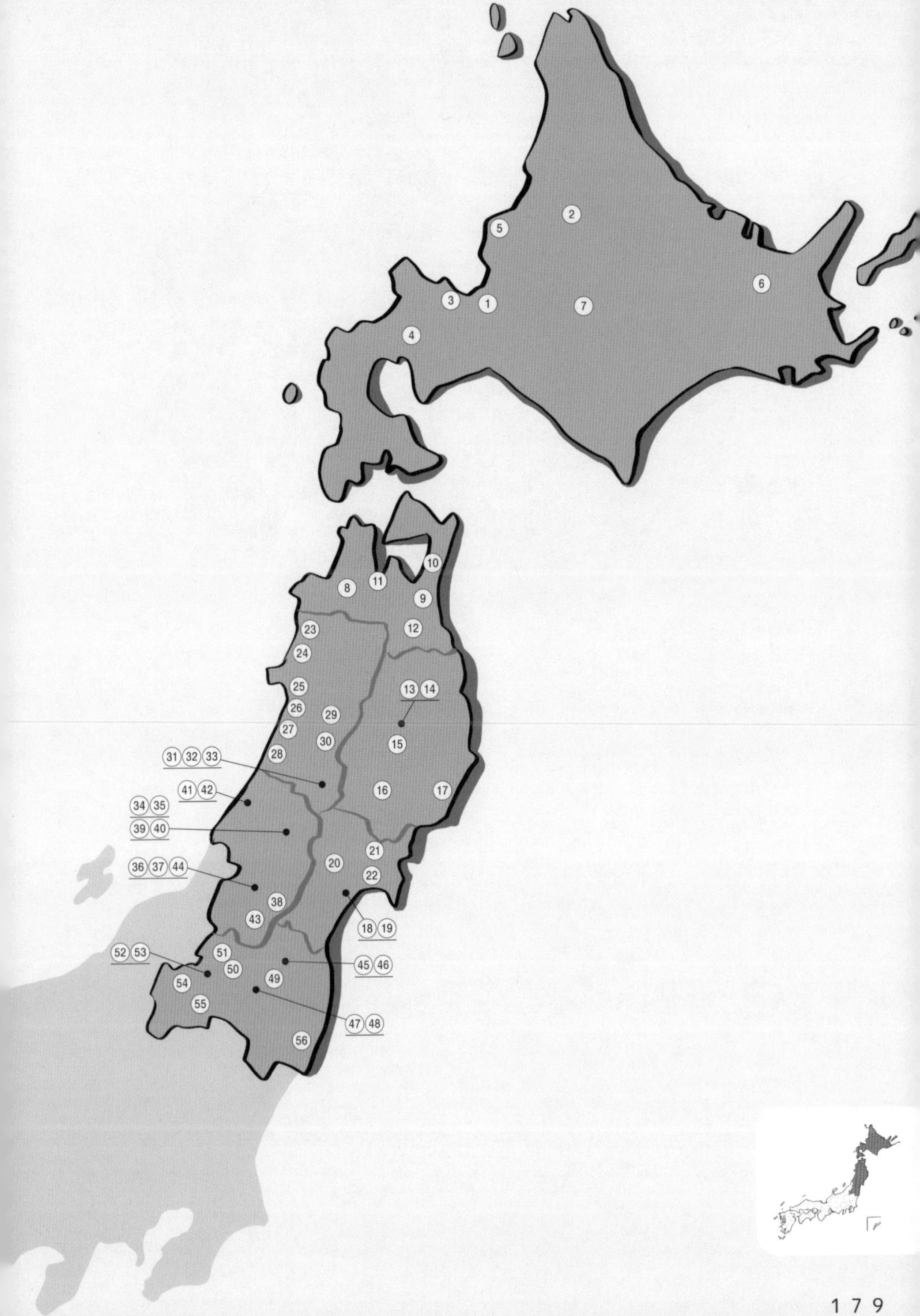

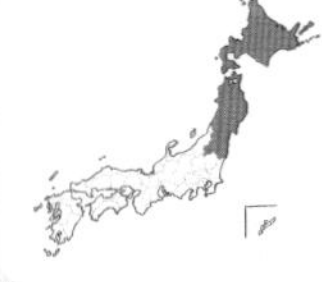

本格焼酎蔵元MAP

<関東地方>

茨 城

1 (資)椎名酒造店 富久心(酒粕)
2 (株)家久長本店 鶴扇(酒粕)
3 檜山酒造(株) 千姫(酒粕)
4 (株)剛烈酒造 金砂郷(そば)
5 岡部(名) よかっぺ(酒粕)
6 木内酒造(資) 木内(米)
7 明利酒類(株) 漫遊記(芋)
8 府中誉(株) 渡舟(米)
9 (株)西岡本店 花の井(米)
10 来福酒造(株) 来福(米)
11 (株)武勇 武勇酒蔵(酒粕)
12 萩原酒造(株) 樽(酒粕)

栃 木

13 (株)渡邊佐平商店 丸京(酒粕)
14 天鷹酒造(株) 天鷹(酒粕)
15 (株)白相酒造 とちあかね(麦)
16 西堀酒造(株) 門外不出(酒粕)
17 (株)外池酒造店 益子の炎(米)
18 (株)島崎酒造 かすとり焼酎(酒粕)

群 馬

19 美峰酒類(株) 上州むぎ焼酎(麦)
20 牧野酒造(株) 竹の子(米、酒粕)
21 聖酒造(株) 聖(酒粕)
22 浅間酒造(株) ぎん(米)

埼 玉

23 (株)矢尾本店 だんべえ(米)
24 武甲酒造(株) 秩父紀行(酒粕)
25 清龍酒造(株) 伊勢屋清太郎(米)
26 (株)釜屋 富の紅赤(芋)
27 麻原酒造(株) 武蔵野(酒粕)
28 晴雲酒造(株) 金玉(酒粕)

千 葉

29 (株)飯沼本家 天泉(酒粕)
30 (株)馬場本店酒造 でぼけ(酒粕、みりん粕)
31 守屋酒造(株) 守正(米)
32 藤平酒造(資) 福祝(酒粕)
33 (株)須藤本家 紅小町(芋)
34 和蔵酒造(株)貞元蔵 善次郎(芋)
35 亀田酒造(株) てっぱつ寿萬亀(酒粕、米糠)
36 合同酒精株式会社 東京工場 黒海渡(芋)
37 吉崎酒造(株) 吉寿(酒粕)

東京

38　(有)谷口酒造　御神火(麦)
39　(株)宮原　嶋自慢(麦)
40　神津島酒造(株)　盛若 樫樽貯蔵(麦)
41　坂下酒造(有)　黒潮(麦、芋)
42　八丈島酒造(名)　八重椿(麦、芋)
43　八丈興発(株)　情け嶋(麦)
44　樫立酒造(株)　島の華(麦)
45　青ヶ島酒造(資)　青酎(芋)
46　三宅島酒造(株)　雄山一(麦)
47　小澤酒造(株)　武州伝説(米)
48　中村酒造　遊山(酒粕)

神奈川

49　久保田酒造(株)　相模灘(酒粕)
50　黄金井酒造(株)　旗頭(酒粕)

<中部地方>

新潟

51　金升酒造(株)　かねます(米)
52　菊水酒造(株)　節五郎(酒粕)
53　石本酒造(株)　越乃寒梅 乙焼酎(酒粕)
54　高野酒造(株)　酔峯(酒粕)
55　(株)北雪酒造　つんぶり(酒粕)
56　吉乃川(株)　のもうれ(米)
57　柏露酒造(株)　いいじゃないか人生どんまい(酒粕)
58　美峰酒類(株)新潟支社　こしひかり(米、酒粕)
59　新潟銘醸(株)　ほんやら(米)
60　鮎正宗酒造(株)　輪月(米)
61　千代の光酒造(株)　雪蛍のさと(酒粕)
62　弥彦酒造(株)　優凪(酒粕)
63　八海醸造(株)　よろしく千萬あるべし(米)

富山

64　銀盤酒造(株)　黒部(米)
65　若鶴酒造(株)　蔵人の戯れ(米)

石川

66　(株)福光屋　えじゃのん おんぼらぁと(米)
67　菊姫(資)　加賀の露(米)
68　(株)車多酒造　次郎冠者(酒粕)
69　日本醗酵化成(株)　能登ちょんがりぶし(麦)
70　(株)宮本酒造店　のみよし(芋)

福井

71　(株)一本義久保本店　ほやって(米)
72　(資)加藤吉平商店　梵(酒粕)

山梨

73　武の井酒造(株)　純米焼酎(米)
74　笹一酒造(株)　芋力(芋)

長野

75　(株)髙橋助作酒造店　松尾(酒粕)
76　(株)今井酒造店　てんずけ(米)
77　(株)西飯田酒造店　ぴんきち(酒粕)
78　大塚酒造(株)　牧(じゃがいも)
79　千曲錦酒造(株)　しな野(そば)
80　戸塚酒造(株)　草笛(麦)
81　(株)古屋酒造店　麗容(米)
82　芙蓉酒造(協)　天山戸隠(そば)
83　(株)土屋酒造店　信濃司(米)
84　木内醸造(株)　天雪(米)
85　武重本家酒造(株)　御園(米、酒粕)
86　橘倉酒造(株)　峠(そば)
87　佐久の花酒造(株)　佐久乃花(そば)
88　黒澤酒造(株)　井筒盛(米、酒粕)
89　麗人酒造(株)　諏訪浪漫(米)
90　宮坂醸造(株)　SUMI25(酒粕)
91　(株)豊島屋　杏花村(酒粕)
92　(株)小野酒造店　好々爺(米)
93　春日酒造(株)　井乃頭(米)
94　(株)仙醸　高遠(米)
95　喜久水酒造(株)　信州白峯そば焼酎(そば)
96　七笑酒造(株)　御嶽(酒粕)
97　岩波酒造(資)　牛つなぎ石(酒粕)

岐阜

98　玉泉堂酒造(株)　山の精・芋の精(山芋)
99　御代桜醸造(株)　美濃屋松五郎(米)
100　白扇酒造(株)　ここ一番(米)
101　(有)平瀬酒造店　飛騨の本格焼酎(米)
102　(株)老田酒造店　飛騨おんど(酒粕)
103　(有)渡辺酒造店　蔵元の隠し焼酎(酒粕)
104　天領酒造(株)　飛天(酒粕)
105　(株)サラダコスモ　岐阜・中津川蒸溜蔵 ちこちこ(ちこり芋)

静岡

106　富士高砂酒造(株)　富士の露(米、酒粕)
107　富士正酒造(資)　霧酎(酒粕)
108　富士錦酒造(株)　八十八夜(茶)
109　万大醸造(資)　鬼の念仏(酒粕)
110　杉井酒造　才助(米)
111　浜松酒造(株)　出世城酎(米)
112　花の舞酒造(株)　阿茶(米)
113　髙嶋酒造(株)　第壱峰(米、酒粕)

愛知

114　清洲桜醸造(株)　天下泰平(麦)
115　内藤醸造(株)　大地の夢(麦)
116　九重味淋(株)　石清水(米)
117　鶴見酒造(株)　荷葉のしずく(れんこん)
118　甘強酒造(株)　加寿登利焼酎(米、酒粕)
119　関谷醸造(株)　吟乃精(酒粕)

本格焼酎蔵元MAP

<近畿地方>

三重

1 (株)宮崎本店 くろみや(麦)
2 (株)伊勢萬 おかげさま(米)
3 (名)森本仙右衛門商店 まいるど峰(米)
4 若戎酒造(株) 只今参上(米)

滋賀

5 太田酒造(株) 琵琶のほまれ(酒粕)
6 滋賀酒造(株) 頂(米)
7 近江酒造(株) 君か袖(米)

京都

8 黄桜(株) 日々悠々(米)
9 (株)北川本家 はんなり(米)
10 玉乃光酒造(株) 29(米)
11 (株)丹後蔵 いもたん(芋)

兵庫

12 大関(株) 麦酎(麦)
13 日本盛(株) 花氷(酒粕)
14 白鷹(株) ハクタカ(米)
15 白鶴酒造(株) 世話女房(麦)
16 沢の鶴(株) 夢酎(米)
17 菊正宗酒造(株) 七年貯蔵(酒粕)
18 江井ヶ嶋酒造(株) 大和魂(麦)
19 ヤヱガキ酒造(株) あらき(麦)
20 (株)本田商店 龍力(米)
21 鳳鳴酒造(株) どや(米)
22 (株)西山酒造場 古丹波(栗)
23 此の友酒造(株) 天のひぼこ(麦)

奈良

24 八木酒造(株) やまと火の酒(米)
25 長龍酒造(株) 吟の薫(米)
26 (株)北岡本店 やたがらす(酒粕)
27 中谷酒造(株) 穎(えい)(米)
28 (株)中本酒造店 山鶴(酒粕)

和歌山

29 (株)世界一統 みなみの星(米)
30 中野BC(株) 富士白無限(麦)
31 平和酒造(株) 未知タ遭遇(酒粕)
32 尾﨑酒造(株) 熊野水軍(米)
33 吉村秀雄商店 黒潮波(米)

<中国地方>

鳥取

34 (株)稲田本店 枯草(酒粕)
35 千代むすび酒造(株) 浜の芋太(芋)
36 梅津酒造(有) 砂丘長いも焼酎(長芋)
37 大谷酒造(株) 夢千代慕情(米)
38 (株)アグリネット琴浦 白兎古譚(長芋)
39 松井酒造(名) 松井の干し芋(干し芋)

島根

40 李白酒造(有) どじょうすくい(米)
41 米田酒造(株) 七宝(酒粕)
42 吉田酒造(株) RISOPPA(酒粕)
43 金鳳酒造(有) たたら(麦)
44 簸上清酒(名) 七冠馬(芋)
45 旭日酒造(有) ✸旭日(酒粕)
46 板倉酒造(有) 天穏(酒粕)
47 (株)酒持田本店 ヤマサンかほり(酒粕)
48 (株)財間酒場 能(米)
49 隠岐酒造(株) いそっ子(海藻)
50 一宮酒造(有) いも代官(芋)

岡山

51 利守酒造(株) さけひとすじ(きび)
52 室町酒造(株) 吟香室町(米)
53 宮下酒造(株) 麦じゃがぁ(麦)
54 十八盛酒造(株) 時次郎(米)
55 (株)妹尾酒造本店 倉敷(麦)
56 ヨイキゲン(株) 永久の至福(米)
57 平喜酒造(株) 笑ろうた(米)
58 白菊酒造(株) 談(米)
59 赤木酒造(株) 真きび(きび)
60 三光正宗(株) 粋(米)
61 (株)辻本店 おいさぁ(麦)
62 (株)牧野酒造本店 美鳥(米)
63 (資)多胡本家酒造場 イツハ(米)

広島

64 中国醸造(株) 達磨(芋)
65 久保田酒造(株) よがんす(米)
66 江田島銘醸(株) ヨーソロ(米)
67 (株)三宅本店 夢のつゆ(酒粕)
68 中尾醸造(株) がんぼう樽吉(米)
69 (株)醉心山根本店 酔いごころ(米)

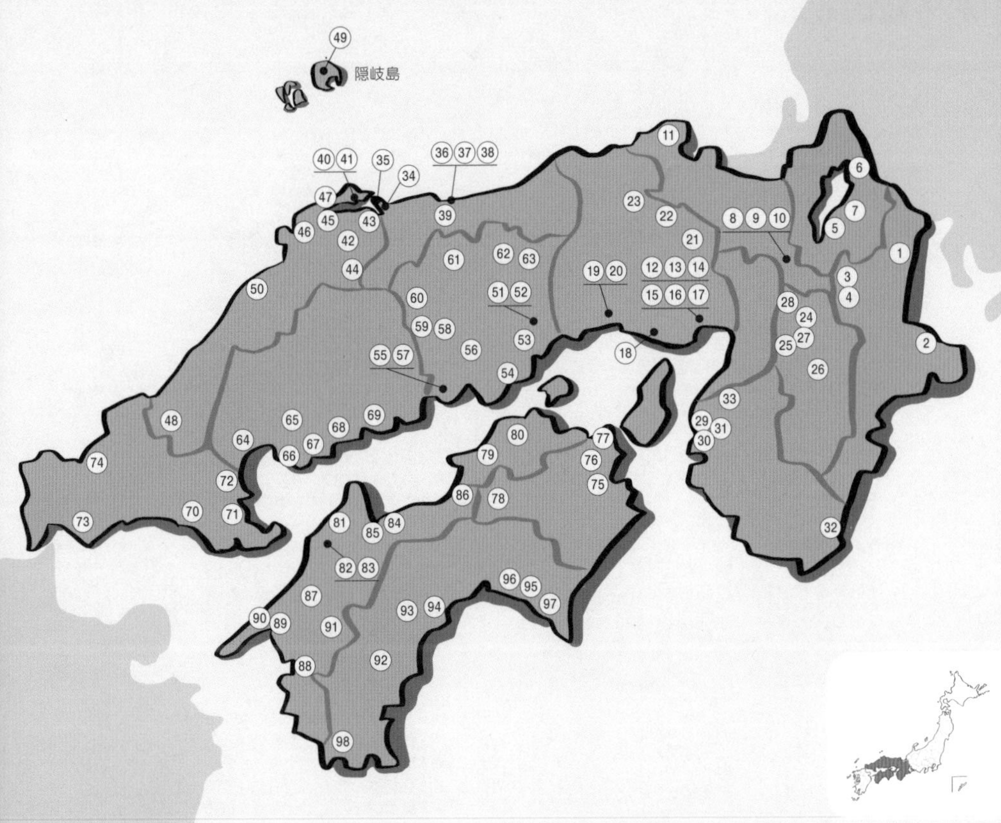

山口

70　(株) 山縣本店　かほり鶴 (米)
71　旭酒造 (株)　獺祭 (酒粕)
72　酒井酒造 (株)　錦川 (酒粕)
73　永山酒造 (名)　寝太郎 (米)
74　岩崎酒造 (株)　長州ファイブ (米)

<四国地方>

徳島

75　日新酒類 (株)　鳴門金時黒眉山 (芋)
76　鳴門金時蒸留所　鳴門金時 (芋)
77　(株) 本家松浦酒造　本家 田舎侍 (米)
78　天真 (株)　阿波の金太郎 (麦)

香川

79　西野金陵 (株)　ゆるび (米)
80　綾菊酒造 (株)　空海の道 (米)

愛媛

81　桜うづまき酒造 (株)　赤シャツ (麦)
82　水口酒造 (株)　刻太鼓 (酒粕)
83　栄光酒造 (株)　きんら (米)
84　石鎚酒造 (株)　石鎚 (酒粕)
85　首藤酒造 (株)　壺中の仙 (米)
86　梅錦山川 (株)　あやめ (米)
87　酒六酒造 (株)　天禄泉 (米)
88　名門サカイ (株)　いよ牛鬼 (米)
89　梅美人酒造 (株)　美祥 (酒粕)
90　松田酒造 (株)　宮の舞 (酒粕)
91　(株) 媛囃子　囃 (栗)

高知

92　(株) 無手無冠　ダバダ火振 (栗)
93　司牡丹酒造 (株)　司白鷺 (米)
94　酔鯨酒造 (株)　とさ (米)
95　菊水酒造 (株)　龍馬 (麦)
96　(有) 仙頭酒造場　仙頭 (米)
97　土佐鶴酒造 (株)　海援隊 (米、酒粕)
98　(株) すくも酒造　ざまに (芋)

本格焼酎蔵元MAP

<九州地方>

福岡

1　(株)いそのさわ　九州郷(麦)
2　(株)小林酒造本店　はかた美人(麦)
3　光酒造(株)　博多小女郎(麦)
4　大賀酒造(株)　太宰府(酒粕)
5　花関酒造(株)　天神さま(麦)
6　萩尾酒造場　博多っ子(麦)
7　(株)花の露　からす(麦)
8　鷹正宗(株)　ばっかい(麦)
9　福徳長酒類(株)久留米工場　博多の華(麦)
10　(株)紅乙女酒造　紅乙女(ごま)
11　(株)楽丸酒造　和ら麦(麦)
12　研醸(株)　珍(にんじん)
13　(株)天盃　天盃(麦)
14　朝倉酒造(株)　帝王(芋)
15　(株)篠崎　博多献上(麦)
16　ゑびす酒造(株)　らんびき(麦)
17　若波酒造(名)　金千代(麦)
18　(株)蔵内堂　有明海(のり)
19　池亀酒造(株)　すくも(麦)
20　比翼鶴酒造(株)　麦シャッパ(麦)
21　(株)杜の蔵　豪気(麦)
22　西吉田酒造(株)　つくし(麦)
23　(株)喜多屋　吾空(麦)
24　(株)高橋商店　繁枡(酒粕)
25　旭松酒造(株)　黒木(米)
26　(資)後藤酒造場　黒木大藤(米)
27　無法松酒造(有)　無法松(麦)
28　ニッカウヰスキー(株)門司工場　金黒(芋)
29　林龍平酒造場　豊前海(麦)
30　後藤酒造(資)　求菩提(麦)

佐賀

31　窓乃梅酒造(株)　蒼天(麦)
32　天山酒造(株)　天山(酒粕)
33　大和酒造(株)　菱娘(菱)
34　天吹酒造(資)　天吹(酒粕)
35　鳴滝酒造(株)　ヤマフル(酒粕)
36　小松酒造(株)　おおち(米)
37　五町田酒造(株)　日本一(麦)
38　(資)光武酒造場　魔界への誘い(芋)
39　宗政酒造(株)　のんのこ(麦)

長崎

40　大島酒造(株)　磨き大島(芋)
41　(株)杵の川　もってこい(麦)
42　梅ヶ枝酒造(株)　ぎんた(麦)
43　潜龍酒造(株)　吟酎(酒粕)
44　(資)山崎本店酒造場　七萬石(わかめ)
45　あい娘酒造(資)　長崎くんち(麦)
46　(株)久保酒造場　青一髪(麦)
47　福田酒造(株)　じゃがたらお春(じゃがいも)
48　(有)森酒造場　水軍ロマン(麦)
49　重家酒造(株)　雪洲(麦)
50　天の川酒造(株)　天の川(麦)
51　(有)山の守酒造場　山乃守(麦)
52　玄海酒造(株)　壱岐(麦)
53　(株)猿川(サルコー)伊豆酒造　猿川(麦)
54　(株)壱岐の華　壱岐の華(麦)
55　壱岐の蔵酒造(株)　壱岐っ娘(麦)
56　河内酒造(名)　対馬やまねこ(麦)
57　五島灘酒造(株)　五島灘(芋)
58　(株)五島列島酒造　五島麦(麦)

大分

59　小野酒造(株)　由布岳(麦)
60　(有)麻生本店　奴さん(麦)
61　二階堂酒造(有)　二階堂(麦)
62　(有)南酒造　とっぱい(麦)
63　(株)久家本店　常蔵(麦)
64　小手川酒造(株)　白寿(麦)
65　ぶんご銘醸(株)　ぶんご太郎(麦)
66　藤居酒造(株)　豊後の里(麦)
67　(資)赤嶺酒造場　どっとん(麦)
68　藤居醸造(資)　泰明(麦)
69　牟礼鶴酒造(資)　牟禮鶴(麦)
70　萱島酒類(株)　豊後清明(麦)
71　佐藤酒造(株)　碧雲(酒粕)
72　クンチョウ酒造(株)　豊の国(麦)
73　(株)井上酒造　初代 百助(麦)
74　老松酒造(株)　田五作(麦)
75　亀の井酒造(資)　童話の里(麦)
76　八鹿酒造(株)　なしか!(麦)
77　みろく酒造(株)　十王(麦)
78　西の誉銘醸(株)　諭吉の里(麦)
79　旭酒造(株)　耶馬美人(麦)
80　久保酒蔵(株)　やばの古城(麦)
81　四ッ谷酒造(有)　宇佐むぎ(麦)
82　三和酒類(株)　いいちこ(麦)
83　(有)常徳屋酒造場　常徳屋(麦)
84　縣屋酒造(株)　安心院蔵(麦)

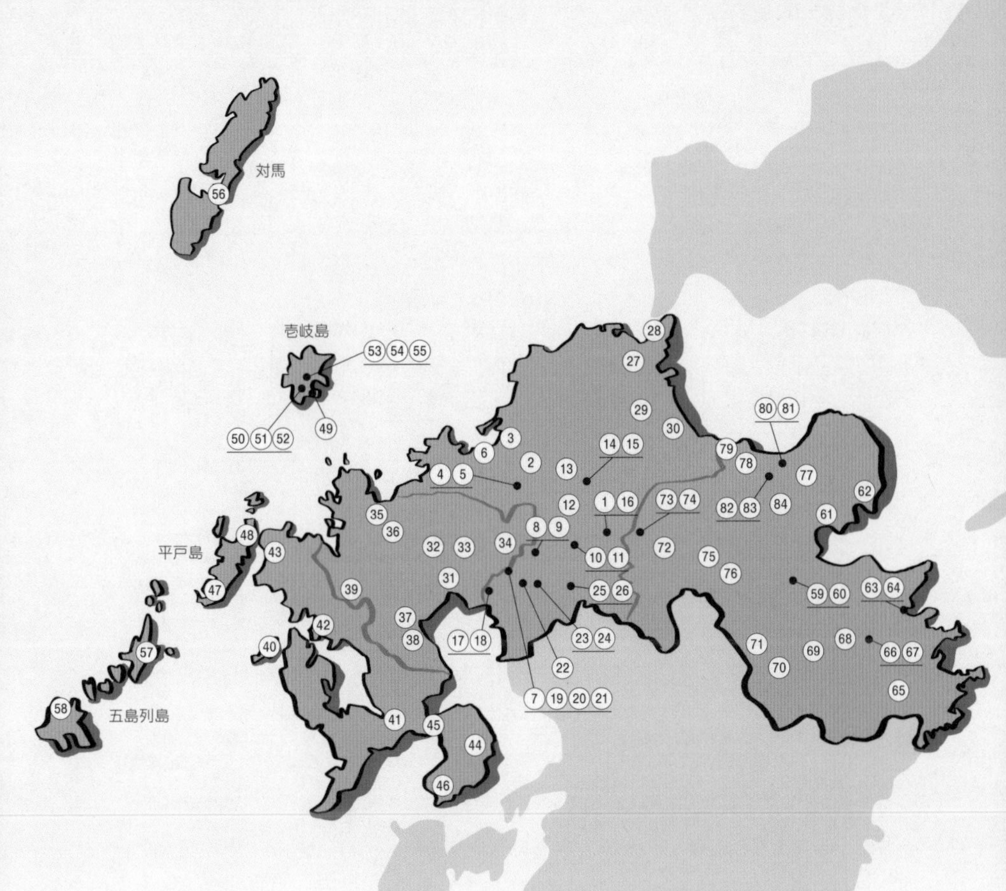
対馬
壱岐島
平戸島
五島列島

本格焼酎蔵元MAP

熊本

1 瑞鷹(株) 太鼓判(米)
2 (株)美少年 丸尾(米)
3 花の香酒造(株) 和仁(米)
4 千代の園酒造(株) 八千代座(米)
5 (株)VinEx山鹿 山鹿(米)
6 河津酒造(株) 柴三郎(米)
7 (株)鳥飼酒造 吟香鳥飼(米)
8 (株)渕田酒造場 Fuchita(米)
9 織月(せんげつ)酒造(株) 織月(米)
10 (資)寿福酒造場 武者返し(米)
11 深野酒造(株) よけまん(米)
12 (株)福田酒造 山河(米)
13 (資)大和一酒造元 温泉焼酎 夢(米)
14 高橋酒造(株) 白岳(米)
15 (有)渕田酒造本店 園乃泉(米)
16 六調子酒造(株) 六調子(米)
17 (資)高田酒造場 あさぎりの花(米)
18 (資)宮原酒造場 宮の誉(米)
19 (資)松本酒造場 緑松(米)
20 常楽酒造(株) 秋の露(米)
21 松の泉酒造(資) 松の泉(米)
22 (株)堤酒造 奥球磨櫻(米)
23 (有)那須酒造場 球磨の泉(米)
24 木下醸造所 文蔵(米)
25 房の露(株) 房の露(米)
26 (株)恒松酒造本店 米一石(米)
27 (資)宮元酒造場 肥後路(米)
28 高橋酒造(株) 白岳(米)
29 抜群酒造(資) ばつぐん(米)
30 (名)豊永酒造 豊永蔵(米)
31 (有)林酒造場 極楽(米)
32 (資)大石酒造場 鬼倒(米)
33 (有)松下醸造場 最古蔵(米)
34 メルシャン(株)八代不知火蔵 白水(米)
35 (名)天草酒造 天草(米)

宮崎

36 (有)渡邉酒造場 旭萬年(芋)
37 (株)落合酒造場 赤江(芋)
38 (株)川越酒造場 日向金の露(芋)
39 焼酎日南協同組合 乾杯日南(芋)
40 小玉醸造(同) 杜氏潤平(芋)
41 (株)酒蔵王手門 献上銀滴(芋)
42 松の露酒造(株) 松の露(芋)
43 櫻乃峰酒造(有) 黒麹平蔵(芋)
44 京屋酒造(有) かんろ(芋)
45 (株)宮田本店 日南娘(芋)
46 古澤醸造(名) 八重桜(芋)
47 櫻の郷酒造(株) 無月 白(芋)
48 井上酒造(株) 飫肥杉(芋)
49 幸蔵酒造(株) 幸蔵(芋)
50 松露酒造(株) 松露(芋)
51 寿海酒造(株) ひむか寿(芋)
52 大浦酒造(株) みやこざくら(芋)
53 柳田酒造(名) 駒(麦)
54 霧島酒造(株) 黒霧島(芋)
55 (株)都城酒造 あなたにひとめぼれ(芋)
56 明石酒造(株) 明月(芋)
57 すき酒造(株) 須木焼酎(芋)
58 (株)黒木本店 橘(芋)
59 (株)尾鈴山蒸留所 尾鈴山 山ねこ(芋)
60 宝酒造(株)黒壁蔵 一刻者(芋)
61 (株)正春酒造 逢初(芋)
62 (株)岩倉酒造 月の中(芋)
63 (株)あくがれ蒸留所 日向あくがれ(芋)
64 佐藤焼酎製造場(株) 銀の水(麦)
65 川崎醸造場 園の露 (米)
66 (株)藤本本店 藤の露(麦)
67 姫泉酒造(資) 御幣(芋)
68 雲海酒造(株) 雲海(そば)
69 神楽酒造(株) 天孫降臨(芋)
70 高千穂酒造(株) 髙千穂(麦)
71 アカツキ酒造(資) 暁(米)

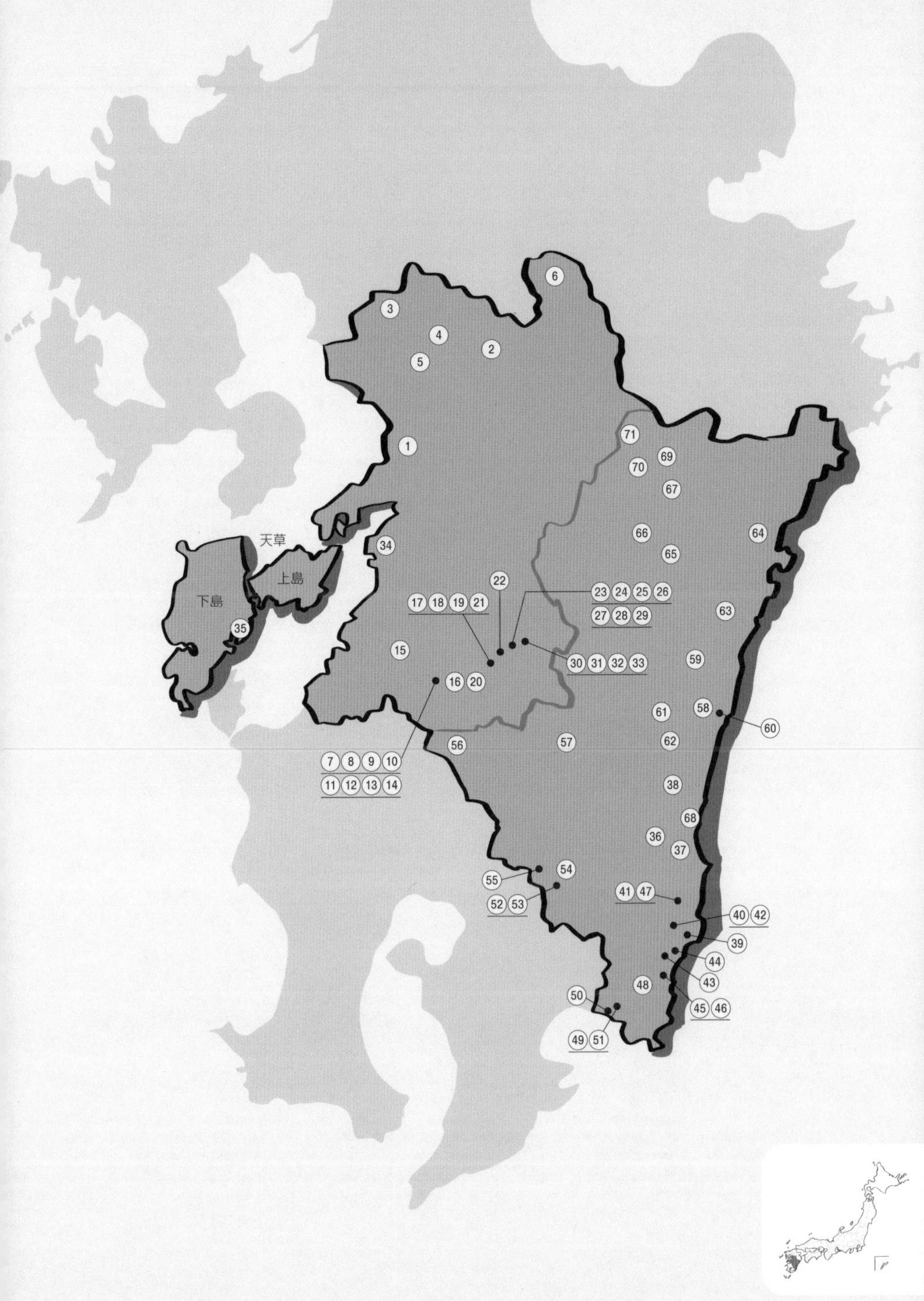
天草
上島
下島
1
2
3
4
5
6
7 8 9 10
11 12 13 14
15
16 20
17 18 19 21
22
23 24 25 26
27 28 29
30 31 32 33
34
35
36
37
38
39
40 42
41 47
43
44
45 46
48
49 51
50
52 53
54
55
56
57
58
59
60
61
62
63
64
65
66
67
68
69
70
71

本格焼酎蔵元MAP

鹿児島

No.	蔵元	銘柄
1	東酒造（株）	七窪（芋）
2	相良酒造（株）	相良（芋）
3	本坊酒造（株）	桜島（芋）
4	さつま無双（株）	さつま無双（芋）
5	三和酒造（株）	三和鶴（芋）
6	田崎酒造（株）	さつま七夕（芋）
7	（有）白石酒造	天狗櫻（芋）
8	濵田酒造（株）	海童（芋）
9	焼酎蔵薩州濵田屋伝兵衛	伝（芋）
10	薩摩金山蔵（株）	薩摩焼酎 金山蔵（芋）
11	大和桜酒造（株）	大和桜（芋）
12	若松酒造（株）	薩摩一（芋）
13	小正醸造（株）	さつま小鶴（芋）
14	西酒造（株）	薩摩宝山（芋）
15	原口酒造（株）	西海の薫（芋）
16	櫻井酒造（有）	金峰櫻井（芋）
17	吹上焼酎（株）	小松帯刀（芋）
18	宇都酒造（株）	天文館（芋）
19	萬世酒造（株）	萬世（芋）
20	高良酒造（有）	八幡（芋）
21	（株）尾込商店	さつま寿（芋）
22	（株）杜氏の里笠沙	黒瀬杜氏（芋）
23	知覧醸造（株）	知覧 武家屋敷（芋）
24	薩摩酒造（株）	さつま白波（芋）
25	中俣（株）	養老伝説（芋）
26	（有）大山甚七商店	薩摩の誉（芋）
27	吉永酒造（有）	利八（芋）
28	指宿酒造（株）	利右衛門（芋）
29	（有）佐多宗二商店	角玉（芋）
30	白露酒造（株）	白露（芋）
31	田村（名）	薩摩乃薫（芋）
32	山元酒造（株）	さつま五代（芋）
33	オガタマ酒造（株）	鉄幹（芋）
34	村尾酒造（資）	薩摩茶屋（芋）
35	田苑酒造（株）	田苑（芋）
36	塩田酒造（株）	六代目百合（芋）
37	吉永酒造（株）	五郎（芋）
38	植園酒造（資）	園乃露（芋）
39	軸屋酒造（株）	紫尾の露（芋）
40	小牧醸造（株）	伊勢吉どん（芋）
41	（株）祁答院蒸溜所	野海棠（芋）
42	神酒造（株）	千鶴（芋）
43	出水酒造（株）	出水に舞姫（芋）
44	鹿児島酒造（株）	さつま諸白（芋）
45	大石酒造（株）	鶴見（芋）
46	福徳長酒類（株）薩摩工場	さつま美人（芋）
47	長島研醸（有）	さつま島美人（芋）
48	（株）甲斐商店	伊佐美（芋）
49	大口酒造（株）	黒伊佐錦（芋）
50	大山酒造（名）	伊佐大泉（芋）
51	佐藤酒造（有）	さつま（芋）
52	（株）霧島町蒸留所	明るい農村（芋）
53	錦灘酒造（株）	チンタラリ（芋）
54	白金酒造（株）	白金乃露（芋）
55	ニッカウヰスキー（株）さつま司蒸溜蔵	かごしま（芋）
56	日當山醸造（株）	アサヒ（芋）
57	（有）万膳酒造	真鶴（芋）
58	アットスター（株）	蘭（芋）
59	（有）中村酒造場	玉露（芋）
60	国分酒造（株）	さつま国分（芋）
61	木場酒造（有）	一人蔵（芋）
62	岩川醸造（株）	ハイカラさんの焼酎（芋）
63	丸西酒造（資）	蓬原（芋）
64	白露カンパニー（株）	岩いずみ（芋）
65	大隅酒造（株）	大隅（芋）
66	若潮酒造（株）	さつま白若潮（芋）
67	新平酒造（株）	大金の露（芋）
68	太久保酒造（株）	華奴（芋）
69	農業法人 八千代伝酒造（株）	八千代伝（芋）
70	（有）森伊蔵酒造	森伊蔵（芋）
71	（有）神川酒造	照葉樹林（芋）
72	大海酒造（株）	さつま大海（芋）
73	小鹿酒造（株）	小鹿（芋）
74	白玉醸造（株）	白玉の露（芋）
75	種子島酒造（株）	種子島金兵衛（芋）
76	高崎酒造（株）	しま甘露（芋）
77	四元酒造（株）	島乃泉（芋）
78	上妻酒造（株）	南泉（芋）
79	三岳酒造（株）	三岳（芋）
80	本坊酒造（株）屋久島伝承蔵	屋久杉（芋）
81	（資）弥生焼酎醸造所	弥生（黒糖）
82	（株）西平本家	八千代（黒糖）
83	西平酒造（株）	あまみ珊瑚（黒糖）
84	（株）奄美大島開運酒造	れんと（黒糖）
85	（有）富田酒造場	龍宮（黒糖）
86	奄美伝承蔵 渡酒造（株）	あまみ六調（黒糖）
87	奄美大島酒造（株）	浜千鳥乃詩（黒糖）
88	（有）山田酒造	長雲（黒糖）
89	町田酒造（株）	里の曙（黒糖）
90	朝日酒造（株）	朝日（黒糖）
91	喜界島酒造（株）	喜界島（黒糖）
92	奄美酒類（株）	奄美（黒糖）
93	（株）奄美大島にしかわ酒造	島のナポレオン（黒糖）
94	徳田酒造（株）	稲乃露（黒糖）
95	沖永良部酒造（株）	えらぶ（黒糖）
96	新納酒造（株）	天下一（黒糖）
97	原田酒造（株）	昇龍（黒糖）
98	有村酒造（株）	島有泉（黒糖）

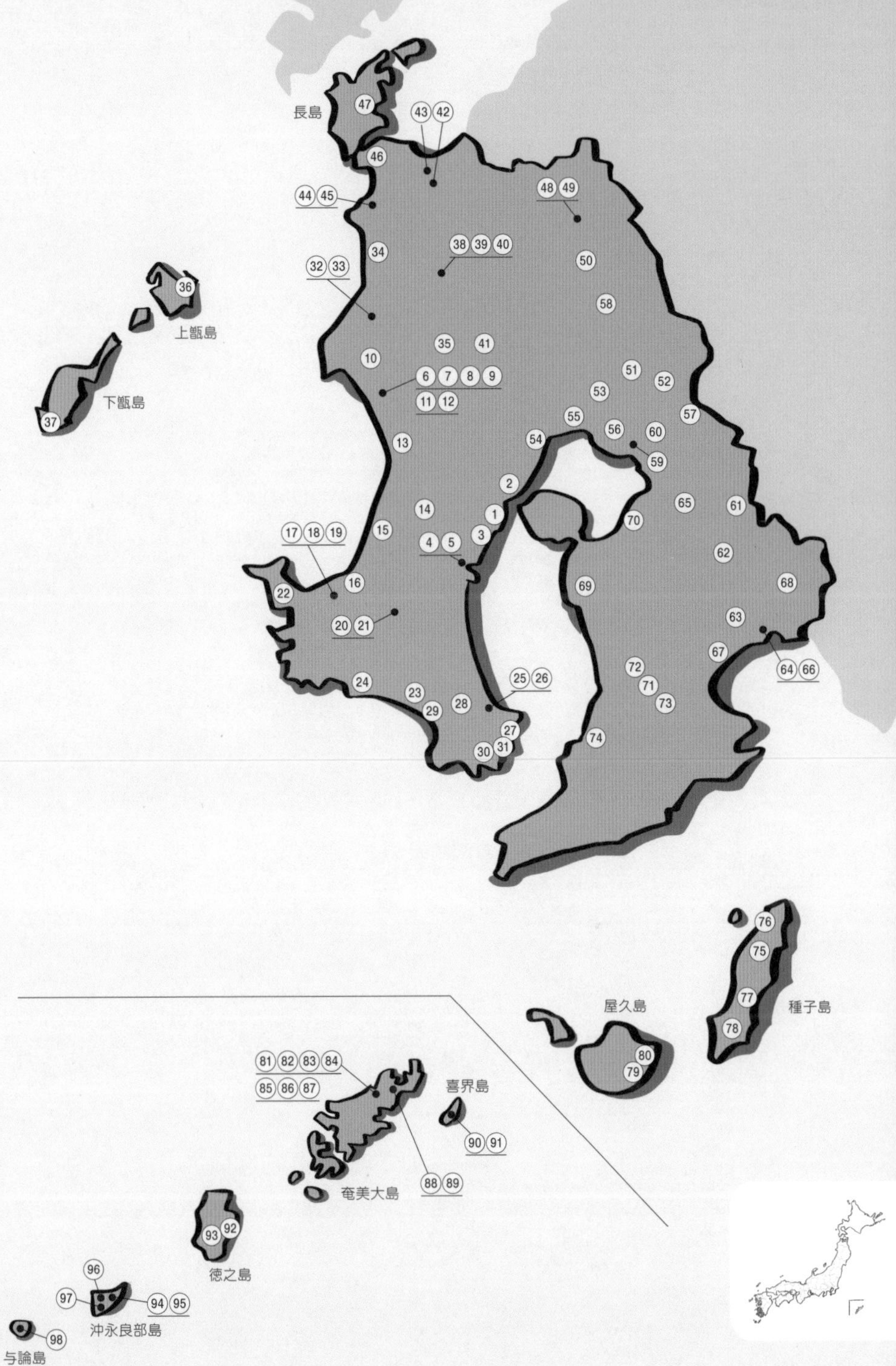
長島
上甑島
下甑島
屋久島
種子島
喜界島
奄美大島
徳之島
沖永良部島
与論島

沖 縄

	蔵元	銘柄
1	沖縄県酒造(協)	海乃邦(米)
2	上原酒造(株)	神泉(米)
3	まさひろ酒造(株)	まさひろ(米)
4	神谷酒造所	南光(米)
5	忠孝酒造(株)	忠孝(米)
6	久米仙酒造(株)	久米仙(米)
7	(株)津波古酒造	太平(米)
8	宮里酒造所	春雨(米)
9	咲元酒造(株)	咲元(米)
10	瑞泉酒造(株)	瑞泉(米)
11	(有)識名酒造	時雨(米)
12	瑞穂酒造(株)	瑞穂(米)
13	(株)石川酒造場	玉友(米)
14	(有)神村酒造	暖流(米)
15	北谷長老酒造工場(株)	一本松(米)
16	(有)比嘉酒造	残波(米)
17	新里酒造(株)	琉球(米)
18	(協)琉球泡盛古酒の郷	古酒の郷(米)
19	(資)津嘉山酒造所	国華(米)
20	ヘリオス酒造(株)	くら(米)
21	(資)恩納酒造所	萬座(米)
22	(有)金武酒造	龍(米)
23	崎山酒造廠	松藤(米)
24	やんばる酒造(株)	まる田(米)
25	(株)龍泉酒造	龍泉(米)
26	(有)今帰仁酒造	まるだい(米)
27	(有)山川酒造	珊瑚礁(米)
28	伊平屋酒造所	照島(米)
29	(資)伊是名酒造所	常盤(米)
30	(株)久米島の久米仙	久米島の久米仙(米)
31	米島酒造(株)	久米島(米)
32	(株)渡久山酒造	豊年(米)
33	(株)宮の華	宮の華(米)
34	池間酒造(有)	ニコニコ太郎(米)
35	菊之露酒造(株)	菊之露(米)
36	沖之光酒造(資)	沖之光(米)
37	(株)多良川	多良川(米)
38	請福酒造(有)	請福(米)
39	(株)池原酒造所	白百合(米)
40	(有)八重泉酒造	八重泉(米)
41	(株)玉那覇酒造所	玉の露(米)
42	仲間酒造(株)	宮之鶴(米)
43	(有)髙嶺酒造所	於茂登(米)
44	(合)崎元酒造所	与那国(米)
45	国泉泡盛(名)	どなん(米)
46	入波平酒造(株)	舞富名(米)
47	波照間酒造所	泡波(米)

※沖縄県の焼酎はすべて泡盛となります

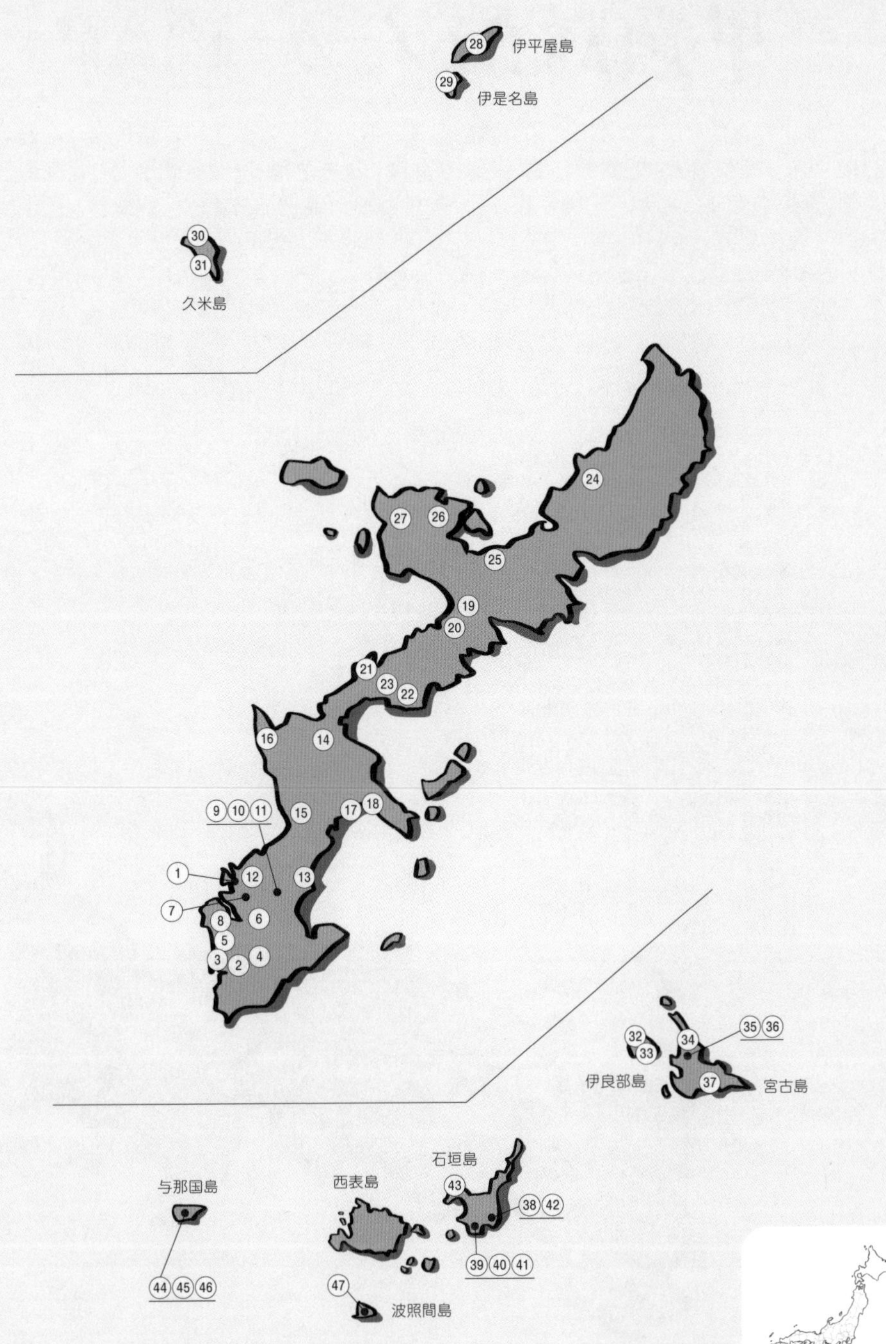
伊平屋島
伊是名島
久米島
伊良部島
宮古島
石垣島
西表島
与那国島
波照間島

甲類焼酎メーカーMAP

今までありそうでなかった、甲類焼酎メーカーのMAPです。甲類焼酎はどれも同じように見えて、使われている水が地域によって違うため、銘柄ごとに味わいが微妙に違います。MAPを頼りに、甲類焼酎の味わいの違いを地域ごとに想像してみてください。

※銘柄を複数製造している場合は地元の銘柄または代表銘柄のみ掲載しています
※一部掲載していないメーカーもあります

27	北陸醗酵工業（株）	北の大将（富山県）
28	玉泉堂酒造（株）	玉泉白滝（岐阜県）
29	はざま酒造（株）	トモエヒナツル（岐阜県）
30	御代桜醸造（株）	御代櫻（岐阜県）
31	（資）山田商店	初恵比寿（岐阜県）
32	内藤醸造（株）	翔風（愛知県）
33	福井酒造（株）	四海王（愛知県）
34	轟醸造（株）	とどろきだるま（愛知県）
35	神杉酒造（株）	神杉（愛知県）
36	中埜酒造（株）	雪山（愛知県）
37	藤市酒造（株）	瑞豊（愛知県）
38	盛田（株）	大和（愛知県）
39	（株）宮﨑本店	キンミヤ（三重県）
40	（株）伊勢萬	海人ロマン（三重県）
41	宝酒造（株）	宝焼酎（京都府）
42	小西酒造（株）	おきゃん（兵庫県）
43	江井ヶ嶋酒造（株）	白玉焼酎（兵庫県）
44	ヤヱガキ酒造（株）	ヤエガキカブト（兵庫県）
45	（株）本田商店	龍力（兵庫県）
46	中野ＢＣ（株）	富士白（和歌山県）
47	中国醸造（株）	ダルマ焼酎（広島県）
48	翁酒造（株）	おきな（福岡県）
49	メルシャン（株）	三楽（熊本県）
50	瑞鷹（株）	東肥（熊本県）
51	本坊酒造（株）	宝星（鹿児島県）

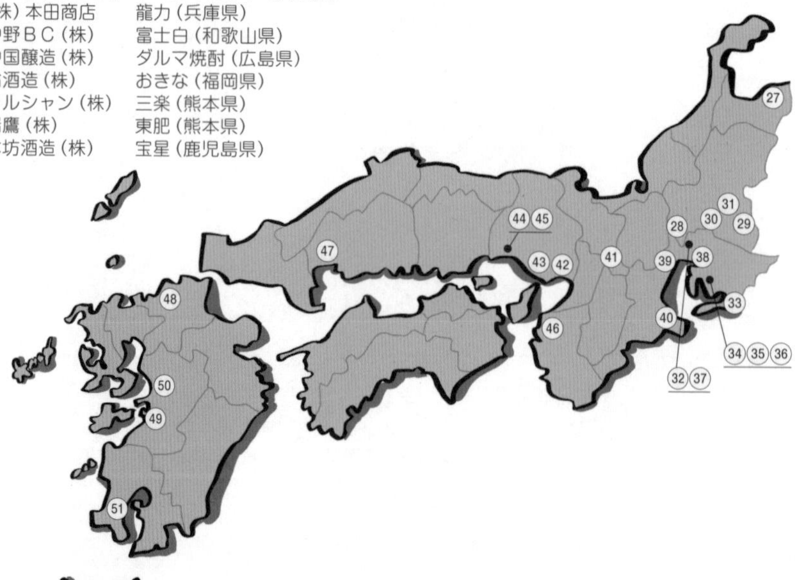

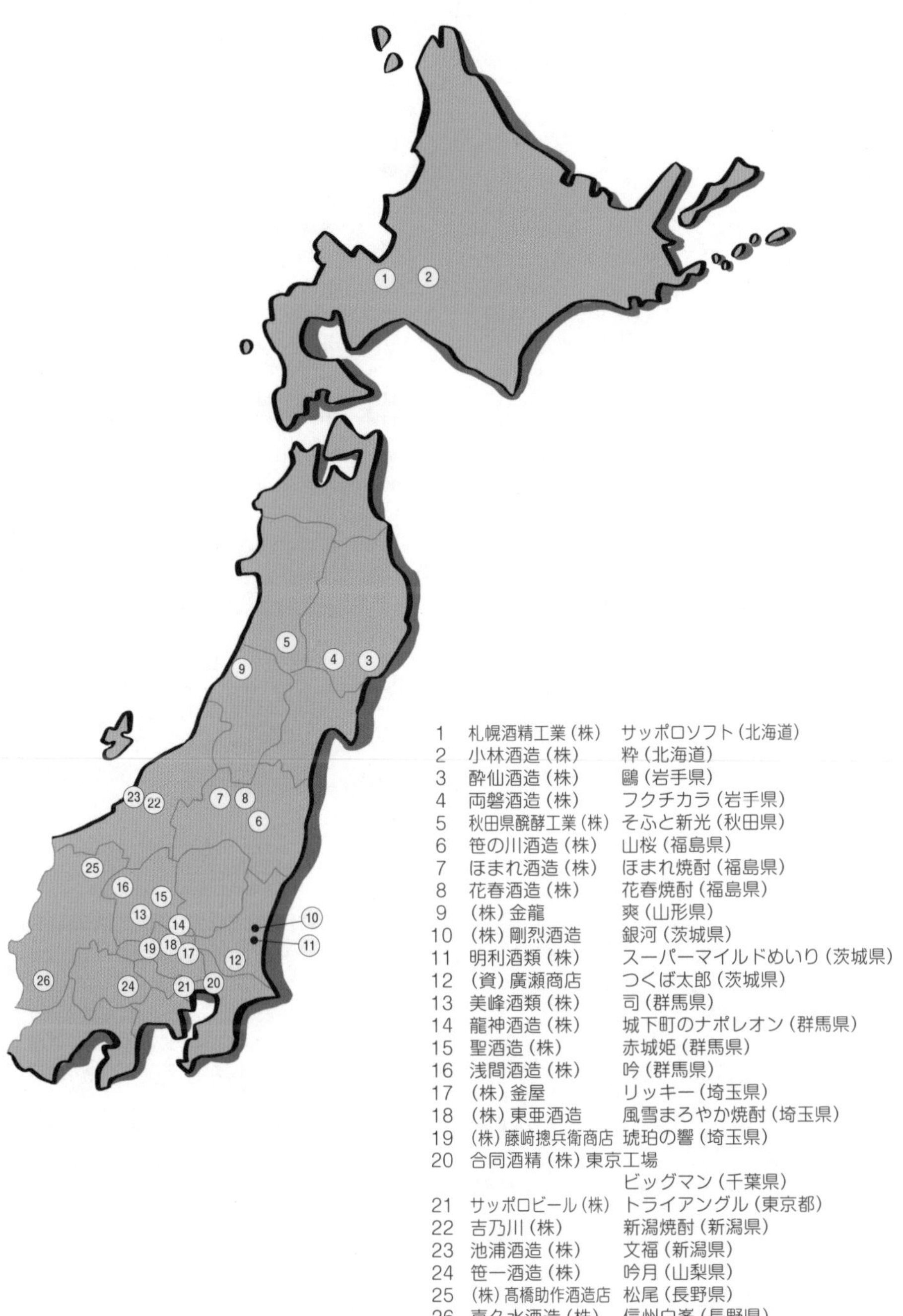

1	札幌酒精工業（株）	サッポロソフト（北海道）
2	小林酒造（株）	粋（北海道）
3	酔仙酒造（株）	鷗（岩手県）
4	両磐酒造（株）	フクチカラ（岩手県）
5	秋田県醗酵工業（株）	そふと新光（秋田県）
6	笹の川酒造（株）	山桜（福島県）
7	ほまれ酒造（株）	ほまれ焼酎（福島県）
8	花春酒造（株）	花春焼酎（福島県）
9	（株）金龍	爽（山形県）
10	（株）剛烈酒造	銀河（茨城県）
11	明利酒類（株）	スーパーマイルドめいり（茨城県）
12	（資）廣瀬商店	つくば太郎（茨城県）
13	美峰酒類（株）	司（群馬県）
14	龍神酒造（株）	城下町のナポレオン（群馬県）
15	聖酒造（株）	赤城姫（群馬県）
16	浅間酒造（株）	吟（群馬県）
17	（株）釜屋	リッキー（埼玉県）
18	（株）東亜酒造	風雪まろやか焼酎（埼玉県）
19	（株）藤崎摠兵衛商店	琥珀の響（埼玉県）
20	合同酒精（株）東京工場	ビッグマン（千葉県）
21	サッポロビール（株）	トライアングル（東京都）
22	吉乃川（株）	新潟焼酎（新潟県）
23	池浦酒造（株）	文福（新潟県）
24	笹一酒造（株）	吟月（山梨県）
25	（株）髙橋助作酒造店	松尾（長野県）
26	喜久水酒造（株）	信州白峯（長野県）

索 引

※（）の中は本文の掲載ページです

原 料

雑 学

資格・制度

社会・民俗

種類・銘柄

人　物

製　造

成　分

地　理

参考文献

『焼酎の事典』菅間誠之助（三省堂）
『酒販店のための本格焼酎Q&A』日本酒造組合中央会
『dancyu　2016年9月号』（プレジデント社）
『dancyu合本　本格焼酎。』（プレジデント社）
『さつまいも小事典』（鹿児島県農政部）
『鹿児島の本格焼酎』鹿児島県本格焼酎技術研究会（春苑堂出版）
『世界のスピリッツ焼酎』関根 彰（技報堂出版）
『球磨焼酎』球磨焼酎酒造組合（弦書房）
『泡盛の考古学』小田静夫（勉誠出版）
『泡盛浪漫』泡盛浪漫特別企画班（ボーダーインク）
『見なおされる第三の酒』菅間誠之助（朝日ソノラマ）
『アサヒグラフ　1947年6月18日号』朝日新聞社
『本物の美酒名酒を選ぶ』穂積忠彦（健友館）
『焼酎の履歴書』鮫島吉廣（イカロス出版）
『ゼロから始める焼酎入門』鮫島吉廣（KADOKAWA）
『別冊暮しの設計 焼酎の研究』山本祥一朗（中央公論社）
『ものと人間の文化史172 酒』吉田 元（法政大学出版局）
『日本酒語事典』こいしゆうか著／SAKETIMES監修（誠文堂新光社）
『知識ゼロからの芋焼酎入門』日本酒類研究会（幻冬舎）
『薩摩焼酎紀行』豊田謙二（高城書房出版）
『薩摩焼酎奄美黒糖焼酎』（柴田書店）
『別冊焼酎楽園 本格焼酎泡盛ガイド2005年版』金羊社
『趣味の焼酎つくり』高千穂辰太郎（農山漁村文化協会）

おわりに

本書は主に焼酎にまつわる用語についてまとめた本ですが、本格焼酎や甲類焼酎の歴史、焼酎をおいしく飲むためのヒントもちりばめられています。それらのヒントをパズルのように組み合わせ、楽しい焼酎ライフをお送りいただければと思います。

1990年代、本格焼酎が低迷していた時代もありましたが、跡継ぎの若い蔵元たちの存在や健康志向もあいまって、2000年代初頭に第三次焼酎ブームが起こります。

それから20年弱。本格焼酎は製造技術が向上・多様化し、今ではさまざまな焼酎が続々と造られるようになりました。

ですが、本格焼酎の本来の魅力は、九州や奄美、沖縄で古くから地元の酒として愛されてきた部分にあると思うのです。特殊な原料も技法もいらない、ただただ地元の人の嗜好に合うよう、おじいちゃん・お父さん杜氏が造った、何の変哲もない普通の焼酎。この地酒としての土着性や郷土的な性格を色濃く残しているのが、本格焼酎や泡盛だと思います。ただ、そんな土着性も飲酒事情の変化により薄まりつつあるのが残念ではあります。

一方、甲類焼酎。

近年の大衆酒場ブームから始まり、甲類焼酎を使ったホッピーやレモンサワーといった飲み方も再び注目されるようになっています。甲類焼酎は元を正せば原料用アルコールを水で薄めたものなので、注目する人はほとんどいません。ですが、甲類焼酎メーカーは熟成酒をブレンドしたり、地元の水を使うことにより、製品の差別化をはかっています。

甲類焼酎の原料は海外産の穀物や廃糖蜜かもしれませんが、歴史を眺めれば本格焼酎とともに日本独自の蒸留酒といえるのではないでしょうか。このような点からも、この本には積極的に甲類焼酎にまつわる用語も取り上げています。

巷にあふれる「おいしい焼酎はコレだ」の情報は、発信者にとっては真実かもしれませんが、他人にとっても当てはまるとは限りません。

「はじめに」でも申し上げましたが、まずは自分の舌を信じて、楽しく飲みましょう！

2020年8月　金本亨吉・沢田貴幸

金本亨吉

「焼酎居酒屋BETTAKO」二代目店主。全国にある甲類乙類ほとんどの銘柄を吟味。造りの異なる本格焼酎を、香りや味を確かめただけで状態を判別し、最高の味わいにしてお客さんに提供。蔵元も一目置く存在。著書に「究極の焼酎を求めて（小学館）」がある。

沢田貴幸

酒類研究家、利き酒師。酒販売店勤務の後、九州から奄美諸島、沖縄と各離島、伊豆諸島などの焼酎蔵110社以上をめぐり、焼酎を勉強する。現在は、大海酒造（株）勤務。これまでに「ごっくん、極楽うまか芋焼酎のすすめ（学習研究社）」を監修。「おいしい梅酒を飲むために知恵をしぼった本。（インデックス・コミュニケーションズ）」にも寄稿。

イラスト：上浦　彩（UBUSUNA）
デザイン：上浦智宏（UBUSUNA）
編集：戸島璃葉、中野博子
撮影：石川将士（GRIMM.inc）（p.48、p.96、p.122、p.123、p.130、p.132、p.136、p.146、p.168）
協力：大海酒造（株）、有村酒造（株）

焼酎にまつわる言葉をイラストと豆知識でうまかぁ～と読み解く
焼酎語辞典

NDC588.57

2020年8月27日　発　行

著　者　金本亨吉、沢田貴幸
発行者　小川雄一
発行所　株式会社 誠文堂新光社
〒113-0033　東京都文京区本郷3-3-11
（編集）電話 03-5805-7285
（営業）電話 03-5800-5780
https://www.seibundo-shinkosha.net
印刷・製本　図書印刷 株式会社

ISBN978-4-416-51994-3

gara
kara kara
kurojoka
hatokan
gara
dachibin
kurojoka
hatokan
kara kara
dachibin
kurojoka